図解 カーメカニズム
パワートレーン編

高根英幸 著 ｜ 日経Automotive 編集

Automotive Basic Mechanism Review

日経BP社

はじめに

　本書「図解カーメカニズム　パワートレーン編」は、日経Automotiveでの好評連載「カーメカニズム基礎解説」を再編集したものである。同連載は、自動車ジャーナリストの高根英幸氏が執筆した。本誌ではモノクロの記事だったが、本書ではカラー化して、より分かりやすくしている。

　近年、自動運転をはじめとしたカーエレクトロニクス分野の技術進化は著しく、大きく取り上げられている。一方で、エンジンやハイブリッドシステム、変速機など機械部品に特化した情報は限られていた。クルマは約3万点の部品で作られており、依然としてエンジンや変速機は進化しているし、重要な役目を果たしている。本書を読めば、パワートレーンに関する基礎的なメカニズムや、より理解を深めるためのポイントがつかめるだろう。

　本書は「エンジン」および「ハイブリッドシステム」、「変速機」、「シャシー」で構成する。

　第1章のエンジンでは、最近の主流である直噴エンジンからターボチャージャー、吸気バルブの開閉タイミング・リフト量を可変にする技術、EGR（排ガス再循環）を解説する。燃料を効率良く燃焼させて燃費を向上させつつ、排ガスの排出量を抑える取り組みが進んでいる。

　第2章のハイブリッドシステムでは、トヨタ自動車が1997年に発売した世界初の量産ハイブリッド車「プリウス」について、初代から現行の4代目まで進化を詳細に述べる。ホンダや日産自動車、三菱自動車など日本メーカーだけでなく、ドイツDaimler社やBMW社など欧州メーカーまで各社のシステムの違いを解説する。

　第3章の変速機は、手動変速機（MT）ベースのDCT（デュアル・クラッチ・トランスミッション）やCVT（無段変速機）を取り上げる。走りを重視する欧州ではDCTが支持されている。一方の日本は燃費低減効果の高いCVTが多い。米国では安定して変速するステップAT（自動変速機）が支持されている。地域によって好みは異なるが、今後は電動化の波の中で生き残りをかけた戦いが待ち受けている。

　第4章は、ブレーキやステアリング、サスペンションなどシャシー（足回り）を取り

上げる。最近では、ESC（横滑り防止装置）の役割が高まっている。自動ブレーキの機能に加えて、片側のタイヤに制動力をかけることでコーナーで車体の進行方向を変えやすくするトルクベクタリング機能も注目だ。

　電動パワーステアリング（EPS）は、操舵力を支援するモーターの位置に応じて、コラム式、ラック式、ピニオン式がある。それぞれにメリットと課題がある。EPSは、将来の自動操舵を実現するためにも今後、ますます重要な役目を担っていく。

2017年3月

日経Automotive 編集長
小川計介

CONTENTS

図解カーメカニズム　パワートレーン編

はじめに …………… 2

第1章　エンジン

- 1　直噴ガソリンエンジン …………… 8
- 2　直噴ディーゼルエンジン …………… 22
- 3　ディーゼルエンジンの排ガス後処理装置 …………… 32
- 4　エンジンの気筒休止機構 …………… 40
- 5　ターボチャージャー …………… 49
- 6　可変バルブタイミング機構 …………… 63
- 7　可変バルブリフト機構 …………… 77
- 8　EGR（排ガス再循環） …………… 86

第2章　ハイブリッドシステム

- 1　新型「プリウス」のハイブリッドシステム …………… 96
- 2　THS（トヨタ・ハイブリッド・システム） …………… 105
- 3　ハイブリッドシステム …………… 116
- 4　アイドリングストップ機構 …………… 130

第3章　変速機

- 1　DCT（デュアル・クラッチ・トランスミッション） …………… 144
- 2　CVT（無段変速機） …………… 158
- 3　ステップ式AT（自動変速機） …………… 167
- 4　トルクコンバーター …………… 175
- 5　ハイブリッド車用の変速機 …………… 183

第4章 シャシー

- 1 マルチリンクサスペンション ……… 194
- 2 ESC（横滑り防止装置） ……… 207
- 3 電動パワーステアリング（EPS） ……… 220
- 4 4輪駆動システム（上） ……… 228
- 5 4輪駆動システム（下） ……… 237
- 6 トルクベクタリング機構 ……… 245

執筆者紹介 ……… 253

エンジン

第1章

1 直噴ガソリンエンジン

インジェクターを燃焼室に配置
熱効率高めて燃費性能向上

ガソリンエンジンの燃費を左右する重要な要素技術が、燃料の噴射方式である。従来のポート噴射(ポート噴射式インジェクション)に代わって増えているのが直噴(筒内直接噴射式インジェクション)。直噴は、燃焼室の中にインジェクターを配置するため、低燃費を実現しやすい。

　ガソリンエンジンは空気と燃料を吸い込み、圧縮して燃焼させる。燃料の供給装置が従来のキャブレターから電子制御式インジェクションになっても、こうした基本的な燃焼のメカニズムは変わっていない。

　従来のポート噴射のガソリンエンジンは、燃料と空気を吸気マニホールド内で、あらかじめ混合し、最適な点火時期に圧縮された混合気へ着火させることで、安定した運転を持続している。エンジンの回転数が高まると点火時期を進角させることで、膨張工程でより大きなトルクを引き出し、燃費の良い走行を実現させている。

　ほとんどのガソリンエンジンは圧縮上死点に達する前に点火プラグによって火を点け、膨張工程で混合気中の火炎が広がる。しかし熱効率を高めるために圧縮比を上げると、燃焼室や混合気の温度が高い状態になり、高負荷時などはノッキング(異常燃焼)を起こすため、点火時期を遅らせる必要が出てくる。

ポート噴射の限界

　しかしそれでは最適な燃焼が行えないだけでなく、爆発の圧力を駆動力として取り出す効率が大きく低下してしまう。

　こうした問題を解決する手段として排ガスを再び燃焼室に取り入れるEGR(排ガス再循環)が用いられている。これは不活性ガスを燃焼室に取り込むことで燃焼温度を抑

える効果が期待できる。しかしながら、シリンダー容積一杯に混合気を取り入れることができないので、これも効率としては低下せざるをえない。

EGRは軽負荷時においてスロットルバルブのポンピングロスを軽減させるには非常に有効だが、高負荷時のノッキングを抑える手段としては出力も低下してしまうという問題点がある。

また燃焼温度を抑えるためには燃料の気化熱による冷却もすることがある。その場合、燃焼に必要とする分以上に燃料を噴射するため、必然的に燃費は悪化する。

このようにガソリンエンジンは、長い間どうしても燃費性能を引き出し切れない状態にあった。ガソリンエンジンの熱効率が伸び悩んでいたのは、こうしたガソリンという燃料がもつ特性やレシプロエンジンの構造上の問題点がネックとなっていたからだ。

そうした問題点を解決できる技術として開発が進められ、今日実用化されているのが直噴エンジンである（表、図1）。

直噴とは燃焼室内に直接燃料を噴射するもので、従来吸気ポートで燃料を噴射していたインジェクターを燃焼室内に取り付けることで実現している。

直噴で燃費向上

ポート噴射の場合、燃焼室に空気を取り込んだ時にはすでに燃料が混ぜられた混合気となっているため、幅広い回転数域、様々な条件下でも安定した運転を実現しやすい（図2）。

また吸気ポート内の負圧下での噴射のためインジェクターの能力も比較的要求度は低く、置かれた環境も安定している。さらに、インジェクターが常識化した現在では部品

表 エンジンの燃料噴射方式の比較

種類	特徴	長所	短所
直噴（筒内直接噴射式インジェクション）	燃焼室内部にインジェクターを備える。吸気から圧縮工程で噴射することで混合気を生成する	燃焼室に直接燃料を噴射するため、気化熱で効率良く混合気を冷却でき、耐ノック性が向上。熱効率が高く燃費性能も優れる	燃料噴射の量やタイミングの緻密な制御が必要なためコストは高い。高負荷時に排ガス中のすすが多くなる
ポート噴射（ポート噴射式インジェクション）	燃焼室の外にある、吸気ポートにインジェクターを配置する。吸入する空気に燃料を噴射して混合気を作り、燃焼室に送り込む	負荷によらず、安定した混合気を作れる。比較的低コストで環境性能も高い	吸気ポートやバルブに燃料が付着し、堆積してしまうため、より多くの燃料を噴射する必要があり、燃費は悪化する

図1 直噴エンジンの燃料噴射の仕組み
空気を燃焼室に取り込み、圧縮工程でインジェクターから燃料を噴射する。ポート噴射に比べて、限られたタイミングで混合気を燃焼させる必要がある。燃焼室内に吸排気バルブとプラグ、インジェクターを配置するため、吸排気のバルブ径を拡大することが難しい面もある。

コストも比較的安価である。

　インジェクターから噴射された燃料は、霧化を促すために吸気ポートの壁にぶつけられるようにして噴射される。最近は噴射孔を増やすことで微細化して効率良く霧化を促進するインジェクターも採用されているが、どちらにせよ広がりながら噴射される燃料は吸気ポートや高温となった吸気バルブに付着して、不完全な燃焼を起こして堆積する。これが吸入効率を低下させる抵抗となるだけでなく、吸気バルブの開閉において障害となる場合もある。

　そうして燃焼室で燃やされなかった燃料については、その分空燃比が狂うことになるが、実際には排気系に備えられた酸素（O_2）センサーにより空燃比を計算し、燃料噴射量を補正するフィードバック制御により補われている。

　混合気がリーン（希薄）な状態では燃焼温度の上昇を招き、実際にはデポジットとし

図2 ポート噴射エンジンの燃料噴射の仕組み
1気筒当たり4バルブのエンジンのポート噴射の場合。吸気ポートが二つに分岐する前の通路にインジェクターを1個配置し、分岐したポートに向けて燃料を噴射する。噴射のタイミングなどは直噴エンジンほど厳格ではない反面、吸気ポートや吸気バルブに燃料が付着してしまい、燃料の損失が大きいほか、燃料の噴射による冷却効果も少ない。

て堆積する分も含め、安全マージンとして燃料の濃度は高く設定されている。

　対して直噴は燃焼室内に噴射するため、燃料の筒内直入率（噴射した燃料のうち燃焼室に入る比率）が高い。もちろん吸気バルブの遅閉じなどによる吹き戻しによる逆流はあるが、そもそも吸気ポートに噴射するポート噴射と比べれば、燃料の通過量は少なく、吸気ポートや吸気バルブに付着する燃料を抑えることができるので、堆積するデポジットも減らせる。

　また吸気ポートにインジェクターが存在しないため、吸気ポート付近の流速を高めてタンブル流を起こすためのポート形状も設計しやすい。ポート噴射の混合気を吸入する場合と、空気だけを吸入するのでは気体の密度が異なる分、吸気抵抗も変わってくる。

　さらに直噴は燃焼室に直接噴射するため、噴射を複数回に分けることで段階的に混合気の濃度を高めることもできる。ただし直噴は基本的に燃焼室内の圧縮工程で噴射するため、ポート噴射と比べると燃料噴射に使える時間は限られる。そのため俊敏で正確な燃料噴射が要求されるので、燃料系の性能にも高いレベルが求められる。

　インジェクターは圧縮行程や爆発工程など高圧力下でも燃料を噴射する必要があるため、ポート噴射より高い圧力で噴射する必要がある。さらに燃料粒子の微細化も求めら

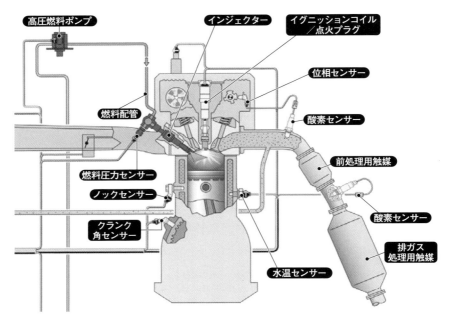

図3 直噴エンジンの燃料噴射システム
温度センサーや位相センサー、エンジン回転数、スロットル開度などの情報を基に、ECU(電子制御ユニット)が燃料の噴射量や噴射タイミングを制御している。ポート噴射に比べて、短時間に燃料を噴射する必要がある。高圧燃料ポンプや高応答性のインジェクターなどを備える。燃料の噴射量や、噴射タイミングも細かく制御するため、各センサーの精度やECUの能力などに高い性能が要求される。

れる。シリンダー壁に直接燃料が付着すると、エンジンオイルのダイリューション(ガソリン燃料による希釈)という問題も起こるからだ。しかも直噴エンジンは、燃料を噴射するタイミングも高い精度も要求される(**図3**)。さらにポート噴射と比べて、燃焼時の圧力や熱が高いだけでなく、燃料が付着するなど、ポート噴射と比べてインジェクターが置かれる環境はかなり厳しい。

燃料ポンプも、燃料タンクからエンジンルームへと送り込む従来のポンプに加えて、エンジンで駆動する高圧ポンプを備え、50barから200barという高い燃料圧力を実現している(**図4**)。

見方を変えれば直噴エンジンは、こうした条件をクリアできるインジェクターやポンプを部品メーカーが開発し、自動車メーカーに供給できるようになったからこそ実現した、ともいえる。

図4 直噴エンジンの高圧燃料ポンプ
燃料タンクから低圧ポンプで圧送されてきた燃料を取り込み、エンジン駆動力でカムを回転させることでプランジャーを上下に動かし、最大200barまで燃料を加圧してインジェクターに送り出す。

直噴ディーゼルの技術を応用

　ガソリンを燃焼室に直接噴射することで様々なメリットが生まれる。燃料の噴射タイミングの自由度が高まったため、従来のポート噴射では効率を落として対応せざるを得なかったノッキングを、回避しやすくなった。

　当初はリーンバーン（希薄燃焼）のために開発が進められた直噴だが、排ガスの浄化が難しいことから現段階ではリーンバーンは見送られ、基本的にはストイキオメトリ（理論空燃比）をターゲットにした均質燃焼の制御を行っている。

　実はガソリンエンジンの直噴化を実現したのは、ディーゼルエンジンの進化が大きく影響している。熱効率に優れた直噴ディーゼルの排ガスのクリーン化とさらなる燃費向上のための技術開発が、ガソリン直噴化の実現にも貢献したのだ。燃料噴射の制御や部品の開発においてディーゼル用として開発された技術が直噴ガソリンにフィードバックされている。

　燃焼室内に直接燃料を噴射して燃焼させるのは、当然のことながら技術的なハードル

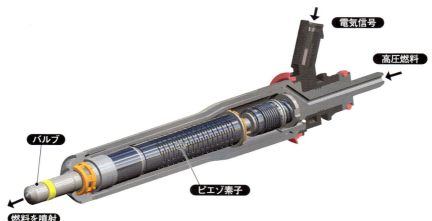

図5 直噴エンジンのインジェクター(ピエゾ式)
インジェクターの中心に電流で伸縮するピエゾ素子があり、電気信号で先端のバルブを開閉させる。バルブを開くと高圧燃料が噴射される。ソレノイド式に比べて高性能。

は高い。前述のように燃料を噴射するインジェクターや燃料を圧送するポンプ、そしてそれらを制御するECU(電子制御ユニット)といった構成部品はポート噴射よりも高い性能が要求される。

　直噴用の高性能なインジェクターとしては、まずピエゾ式インジェクターがある(図5)。これは電気信号により伸縮する圧電素子のピエゾ素子を使い、高精度で正確な燃料噴射を可能にしたものだ。しかし高価であることからガソリン直噴では、一部の高級車に採用されるに留まっている。

　従来のインジェクターはソレノイドにより駆動しているので、コイルに電流が通り、磁力が発生して作動するまでに時間を要する(図6)。しかしこのソレノイド式も高反応化が進み直噴に使えるようになった。これにより日本メーカーの小型車や軽自動車にまで直噴エンジンの採用が進んでいる。

　ガソリン直噴は可変バルブタイミングとの連携により、より効率の高い使い方もできる。吸気バルブを閉じてから燃焼室内に燃料を吹くように制御すれば、吸気バルブを遅閉じすることで吸気ポートへ燃焼室に吸い込んだ空気を押し戻すアトキンソンサイクルでも無駄な燃料を減らせる。

　このような高度な制御を可能にした背景として、コンピューターによるシミュレーシ

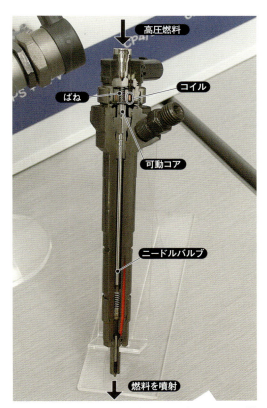

図6 直噴エンジンのインジェクター（ソレノイド式）
インジェクター上部にはコイルがあり、コイルに電流が流れると磁力が発生し、可動コアを引っぱり上げる。可動コアに連結されたニードルバルブが引き上げられ、ノズル内部の回路が開き、燃料が先端から噴射される。可動コアの戻る力はばねで作られる。

ョンの存在が大きい。従来は、ガラス張りにして可視化したエンジンを使って燃焼状況を把握しようとしていたが、シミュレーション技術により、吸気から圧縮、燃焼、排気に至る混合気の変化を効率良く確認できるようになった。

ガソリン直噴の方向性

　一般的な直噴ガソリンエンジンの噴射パターンは、インジェクターから、燃焼室全体

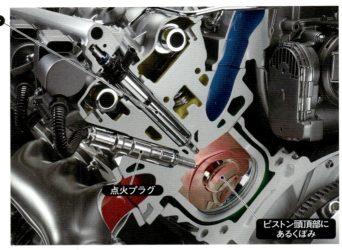

図7 直噴の希薄燃焼エンジン（Daimler社メルセデス・ベンツ）
ピエゾ式インジェクターを採用し、点火プラグ周辺に濃い混合気を生成することで成層燃焼を実現する。ピストン頭頂部にくぼみを設けることで、圧縮時に濃い混合気を留まらせるとともに、頭頂部の周囲を高くして高圧縮を実現する。

に混合気が広がるように放射状に、燃料を噴射する。それに対し、最初に点火プラグの周囲に濃い混合気を留まらせることで、周囲の薄い混合気と成層燃焼を実現するのがスプレーガイド式である（**図7**、**図8**）。

これは高反応なピエゾ式インジェクターによって実現できたもので、ドイツDaimler社メルセデス・ベンツブランドやドイツBMW社が採用している。

また直噴は、ターボチャージャーとも相性が良い。燃料による冷却効果を使えるため、ターボ車の燃費を向上できる。さらにダウンサイジングターボと併用することにより、高負荷時に燃費が悪化するというターボのデメリットを解消しながら、低負荷時にはさらに低燃費を追求することができる（**図9**）。ドイツVolkswagen社のダウンサイジングターボエンジンは、まさに直噴のこうした利点を利用したものだ。

このようにガソリン直噴エンジンと一口に言っても、自動車メーカーによってその活用法は異なるのである。搭載するクルマのセグメントによって、あるいは車両価格によってエンジンにかけられるコストは当然変わってくる。

直噴を最もうまく活用している例の一つが、マツダの「SKYACTIV-G」であろう。

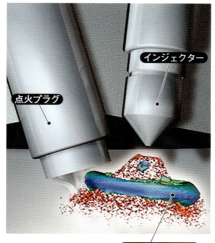

図8 直噴の希薄燃焼エンジンのイメージ
希薄燃焼であるスプレーガイド式直噴エンジンは、早めに燃料を少量噴射して全体に薄い混合気を生成し、点火の直前に再度噴射することでプラグ周辺に濃い混合気を置いて燃焼しやすい状況を作る。これによって従来のポート噴射と比べ、15％の燃費向上効果があるといわれる。

ターボと組み合わせてはいないが、自然吸気としては非常に高い圧縮比とし、幅広い稼働域の可変バルブタイミング機構と組み合わせることでアトキンソンサイクル運転下でも十分なトルクを発生できる。耐ノック性能を上げるために様々な工夫が施されているが、その中核として直噴は大きな役割を果たしている。

トヨタ自動車の「D4-S」は、直噴用のインジェクターとポート噴射用のインジェクターの両方を備えている。直噴システムの良い部分とポート噴射の良い部分を融合させた、贅沢な燃料供給システムである。低負荷時の安定した運転と排ガス性能をクリアしながら、中負荷以上では直噴の効率の高さから省燃費を実現できる。

最近ではVolkswagen社が高性能エンジン用に直噴とポート噴射を併用し、ダウンサイジングターボでありながらより高出力を実現したエンジンを登場させている。

こちらはトヨタD4-Sとは異なり、高負荷時に直噴だけでは霧化が追いつかない分をあらかじめポート噴射で空気と混ぜておくことで、高い過給圧による高出力を実現しているのだ。

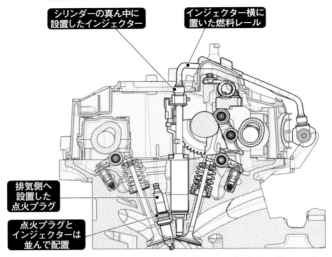

図9 連続可変バルブリフト機構と組み合わせた直噴ターボエンジン（BMW社）
BMW社は初期の直噴ターボでは、連続可変バルブリフト機構のバルブトロニックとの併用を諦め、ピエゾ式インジェクターで緻密に燃料を制御した。2代目となる現行品ではターボを従来の2基からツインスクロール式の1基としたほか、小型なソレノイド式インジェクターと可変バルブリフト機構を組み合わせることで、コストダウンと低燃費を両立させた。

　スズキは軽自動車のターボエンジンでは直噴を導入する一方、小型車用にはポート噴射ながら直噴に近い能力をもつ燃料噴射システムを採用している（**図10**）。それが「デュアルジェット」と呼ばれるもので、従来のポート噴射と比べ、細く長いノズルをもつインジェクターを2本の吸気バルブ直前にそれぞれ配置している。これにより従来のポート噴射と比べ筒内直入率を高めていることで、省燃費と高出力を両立させている。
　直噴とは違い、吸気バルブが開いている状態でしか燃料を吸い込めないが、可変バルブタイミング機構と組み合わせることで、効率の良い燃料供給を実現している。しかもポート噴射のもつ、幅広い運転領域で安定した燃焼という利点はそのままだ。

排ガス浄化技術に期待

　今後、直噴はガソリンエンジンの主流となるのだろうか。それにはコストだけでな

第1章／エンジン

図10 ポート噴射でありながら直噴に近いインジェクター配置（スズキのデュアルジェットエンジン）
インジェクターを吸気バルブに限界まで近付けることで、筒内直入率（噴霧した燃料が気筒内に入る割合）を高めた。日産自動車やホンダも同様のレイアウトを採用しているが、スズキが一番バルブに近付けた配置をしており、燃費向上効果も高い。

く、直噴が抱える問題点をクリアしていくことが鍵となりそうだ。

　例えば、理論上は燃費性能に優れた直噴だが、実際の走行では負荷や回転数によって燃料の霧化が間に合わず、ポート噴射と比べ排ガス中にすす成分が増える傾向がある。このためガソリン車でも今後規制が厳しくなることが予想されるPM2.5（微小粒子状物質）対策が求められている。リーンバーンの復活も含め、排ガス浄化技術の進歩が期待されているのだ。

　また、効率を高めていくためには、点火プラグや吸排気バルブとインジェクターの場所取り争いという問題もある。現在のところ直噴のインジェクター配置は、燃焼室内の吸排気バルブの間もしくは吸気バルブの外側の二通りある（**図11**）。

　インジェクターとしては燃焼室の中心から噴射するのが理想的ではあるが、ドイツPorsche社の場合、点火プラグやバルブ駆動のスペースのためインジェクターが吸気バルブの外に押し出されている。ただしタンブル流に乗せて混合気をかき混ぜる考えから、あえて燃焼室の斜め方向から噴射する考えもあるようだ。

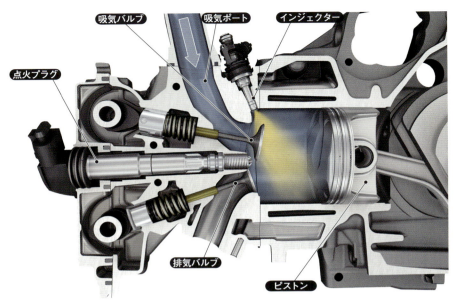

図11 直噴エンジンのインジェクターの配置(Porsche社911)
燃焼室の中心ではなく、吸気バルブより外側にある例。燃焼室の隅から燃料を噴射することになる。噴霧した燃料はタンブル流に乗りやすい。ピストン形状は複雑で高圧縮にするほか、点火プラグの周囲に混合気が集まるよう工夫されている。マツダの直噴エンジン「SKYACTIV-G」も同様のレイアウトを採用する。

　Volkswagen社は過給による吸気効率の向上もあって、ダウンサイジングターボでは1気筒あたり2バルブ(吸気1、排気1)にしたエンジンもある(**図12**)。これにより燃焼室形状が半球型となることや、インジェクターの配置に自由度が高まるのは大きなメリットだろう。

　今後は吸気をターボで押し込むので1バルブ、排気はスムーズに抜いて効率良く排ガスをタービンに送り込む2バルブという、3バルブ型ダウンサイジングターボも出現するかもしれない。さらに熱効率に優れたエンジンとして開発が進むHCCI(予混合圧縮着火)エンジンもある。ディーゼルエンジンのように、ガソリンエンジンでも自己着火させるものだ。ガソリン直噴の延長線上にあり、さらなる発展的な開発の可能性を感じさせる技術である。

図12 ダウンサイジング・ターボ・エンジン（Volkswagen社1.2Lエンジン）
1気筒あたり2バルブ（吸気1、排気1）に抑えることで、インジェクターを燃焼室頭頂部付近に置け、燃料を燃えやすくしている。バルブが少ないことで部品点数が減り、シリンダーヘッドのコストダウンにもつながる。

2 直噴ディーゼルエンジン

燃料噴射の高圧化と
低圧縮比化で性能高める

ディーゼルエンジンは、ガソリンエンジンに比べて3割程度燃費が良く、欧州やインドなどで多く採用されている。最近では耐騒音や耐振動、排ガス性能が向上し、日本でも搭載車が増えている。今回は、乗用車向けエンジンの特徴を紹介する。

　ディーゼルエンジンは、圧縮高温にした空気に軽油を噴射することで自然着火させて燃焼する。気筒内に燃料を直接噴射する直噴式が主流である。

　ガソリンエンジンと異なり、燃焼中の燃焼室内には空気だけの部分も存在する。燃焼炎とシリンダー壁の間にある空気は、燃焼の熱を吸収して膨張しピストンを押し下げる圧力を生み出す。ガソリンエンジンと比べ、シリンダー壁からの熱放出を抑えることにもなるので、熱効率に優れる。こうした基本特性を生かして、商用車などで普及してきたのがディーゼルエンジンである。

　かつてはシリンダーヘッドに副燃焼室を備え、その部分に燃料を噴射するタイプが多かったが、圧縮行程、膨張行程のどちらにおいてもポンピング損失が大きかった。燃料の噴射量を精密に管理できるようになると、副燃焼室のデメリットが目立つようになる。そこで大型商用車では早くから燃焼室内に直接燃料を噴く直噴化により、熱効率の改善に取り組んできた。

　乗用車用ディーゼルエンジンは欧州では長年、高いシェアを維持してきた。しかし日本では4WD（4輪駆動）車など堅牢性や走破性を重視したクルマを除き、騒音や排ガスの臭いなどが快適性を損ねることからユーザーも敬遠傾向にあり、設定されることがほとんどなく、輸入車も途絶えた時期もあった。

　ところが厳しい排ガス規制をクリアすることで、逆に国内でのディーゼルエンジンの

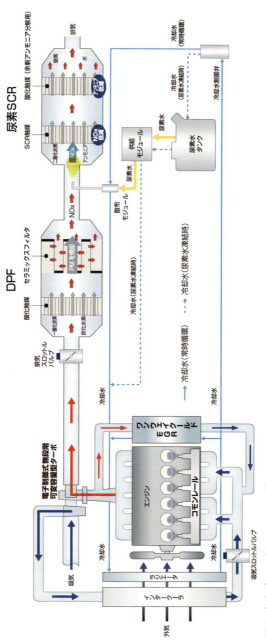

図1 直噴ディーゼルのシステム図

最近のディーゼルエンジンは厳しい排ガス規制をクリアしつつ燃費性能を高めるために、エンジン本体だけでなくターボチャージャーやEGR、SCR触媒やDPFといった後処理システムなどを組み合わせて一つのパワーユニットとしている。中でも燃料噴射装置はディーゼルエンジンの要であり、最近ではコモンレール式が多く使われている。

表 乗用車用ディーゼルエンジンの分類

種類	大型車/ピックアップトラック向け	中型車/SUV向け	小型車向け
構造上の特徴	排気量3L前後のV型エンジンや直列6気筒エンジンに、高性能なピエゾ式インジェクター、可変容量ターボなどを組み合わせ、SCR触媒により排気ガスを浄化	排気量2L前後の直列4気筒エンジンに高効率なターボシステムを組み合わせることにより、高負荷時には大排気量型に匹敵するトルクを発生し、軽負荷時には高い燃費性能を実現	排気量1L前後で4気筒以下の小排気量エンジンにターボとソレノイド式インジェクター、NO_x吸蔵触媒などを組み合わせ、高いトルクと燃費性能を実現
メリット	・高い環境性能を確保しながら、静粛性や動力性能は高いレベルを誇る ・燃費性能は大排気量ガソリンエンジンより良い	・軽量で、燃費性能に優れる ・2次バランサーにより振動軽減を図り、快適性を追求することもできる	小型車に搭載することで、高い動力性能と燃費性能を両立。渋滞走行の少ない郊外では、ハイブリッド車(HEV)以上に高効率
デメリット	・エンジンの生産コストが高い ・後処理システムに尿素SCRを搭載している場合、燃料代とは別に尿素水のコストがかかる	・大排気量と比べて、急な加速要求などの際にターボラグなどで若干の応答性の遅れが生じる ・一つひとつの部品コストは大型車/ピックアップトラック向けを上回ることも	・振動や騒音などはガソリン車に比べて劣る ・ディーゼル車の中では比較的低コストだが、同クラスのガソリン車と比べると、コスト高

存在価値が見直されている。排ガスを可能な限りキレイに、そしてディーゼルの問題だった振動を抑え、エンジンの応答性や高回転化といった要求に応えることで、見違えるように進化してきた。それに伴い、日本国内でもディーゼルエンジンを搭載した乗用車が増加傾向にある（**図1**）。

　最近登場している乗用車用ディーゼルエンジンは大きく3種類ある（**表**）。

　「大型車/ピックアップトラック向け」は、排気量3.0L前後のタイプ。大型車やピックアップトラック、大型4WD車などに搭載されている。気筒数が多いだけでなくインジェクターやターボチャージャー、排ガスの後処理システムなどにも最新技術が盛り込まれている（**図2**）。アッパーミドル以上でV型エンジンを搭載しているものも当てはまる。排気量が大きいと、排ガス中のNO_x（窒素酸化物）も多くなるため、DPF（ディーゼル・パティキュレート・フィルター）に加えて、尿素SCR（選択還元触媒）を併用するケースが多い。

　「中型車/SUV向け」は近年急増している。直列4気筒以下の排気量2.0L前後のエンジンに可変容量ターボや2ステージターボなどを組み合わせて、幅広い回転数域で大排気量ガソリン車並みのトルクを発生させる。欧州のCDセグメント車などに多く見られ

図2 トヨタ自動車のディーゼルエンジン「1GD-FTV」
(a) 排気量2.8Lの直列4気筒ディーゼルエンジン。圧縮比の向上や摩擦損失の低減などで、ディーゼルエンジンとしては世界トップクラスの熱効率44％を達成した。(b) ピストン頭頂部。

る（**図3**）。排ガス後処理システムは尿素SCRの他、NO_x吸蔵還元触媒が使われる。

　「小型車向け」は、1.5L以下の小排気量にソレノイド型インジェクターやNO_x吸蔵還元触媒などを用いることにより、比較的コストを抑えながら、力強い走りと低燃費を実現する（**図4、5**）。マツダのエンジンのようにDPFだけで排ガス規制をクリアしている例もある。

　ディーゼルエンジンは、熱効率に優れ、CO_2排出量がガソリンより少ないとはいっても、米国の「Tier2Bin5」、欧州の「Euro5/6」、日本の「ポスト新長期規制」といった厳しい排ガス規制をクリアするためには、緻密な燃焼の制御が要求される。それを実現する技術の最大の核となるのは、インジェクターの噴射制御技術であろう。ガソリンエンジンと異なり、燃焼のきっかけに点火プラグを用いないことから、燃料噴射のタイミングと量で燃焼をコントロールするのだ。

　直噴ディーゼルの燃料噴射は大きく分けて5種類ある（**図6**）。吸入行程の途中から圧

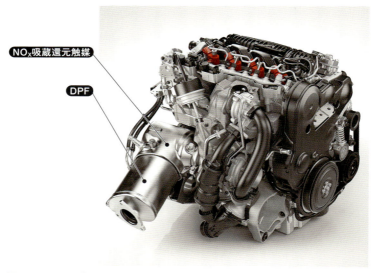

図3 スウェーデンVolvo社のディーゼルエンジン「D4」
排気量2.0L。排気量3.0Lの直列6気筒ガソリンターボエンジンと同等のトルクを出しながら、JC08モード燃費は2倍以上に伸ばせたという。

縮行程の初期にかけて少量をパイロット噴射し、着火性を高める。一気に大きな燃焼を始めるとNO_xが増えてしまうことから、十分な温度に達した状態で少量の燃料を噴射するプレ噴射により燃焼のきっかけを作る。

その後、圧縮上死点付近で本格的なメイン噴射をすることで、燃焼が始まる。それでも一度に多くの燃料を噴射すると燃料の密度が濃過ぎる領域が生まれ、PMの発生源となってしまうことから、膨張行程の途中で追加するアフター噴射で安定した燃焼を継続させる。

アフター噴射はメイン噴射で発生したPMを再燃焼させる役割も持つ。そして膨張行程の終わり頃に、触媒で排気ガスの浄化を促進させるために少量のポスト噴射を実施する。

乗用車ディーゼルの場合、4500rpmを回転数の上限としても吸気行程から圧縮、膨張行程までのわずか100分の2秒程度の時間内に、5回前後、燃料を噴射している。1回の燃料噴射は1000分の1秒単位で制御されている。

図4 マツダのディーゼルエンジン「SKYACTIV-D 1.5」
(a) 本体。排気量1.5Lで小型車「デミオ」で採用している。(b) 燃焼効率を高めるため、ピストンの頭頂部はくぼんでおり、中央部は盛り上がっている。

鍵は燃料噴射の高圧、高反応化

　少量の燃料を正確に、なおかつ短時間に噴射するためには、燃料を勢い良く噴射させる必要がある。そのためディーゼルエンジンの燃料噴射圧は、ここ10年ほどで急速に高まった。

　大型商用車などでは、ユニットインジェクターも一部使われているが、現在の主流は、コモンレールと呼ばれる燃料を一括供給するレールシステムからインジェクターに

図5 スズキがインドで採用している小型ディーゼルエンジン「E08A型」
排気量0.8L、直列2気筒でターボチャージャーを搭載する。現地子会社のMaruti Suzuki社が製造する小型車「Celerio」に搭載する。インドでの燃費は27.62km/L。

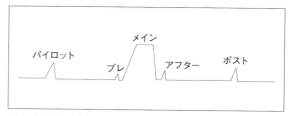

図6 多段燃料噴射のパターン
圧縮行程で着火性を高めるためにパイロット噴射をする。そして種火としてプレ噴射を使い、直後のメイン噴射で本格的に燃焼させる。アフター噴射はメイン噴射の燃えカスがPMとなったものを再燃焼させるためのもの。ポスト噴射は排気温度を調整し触媒の温度を上昇させるために使う。

第1章／エンジン

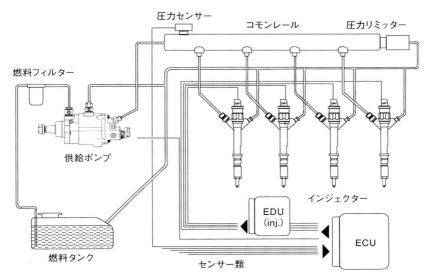

図7 コモンレールのシステム図
高圧ポンプにより180〜240MPaにまで加圧された燃料をコモンレールに送り、そこから各インジェクターに燃料を供給する。実際には、燃料タンクに低圧側の燃料ポンプを設け、高圧側ポンプに燃料を圧送している。

燃料を送り込むものだ（**図7**）。

1000分の1秒でノズルの動きを制御するため、従来のインジェクターより高反応なメカニズムが求められる。圧電素子であるピエゾを用いたインジェクターは、反応が速いことが特徴だが2000年頃に実用化されて以来、噴射圧を高めながら進化してきた（**図8**）。現在は第4世代となっており積層されたピエゾ素子の集合体が直接、ニードルバルブを駆動する構造になっている。

ガソリン直噴でも30MPa前後の燃料圧を誇るようになり、従来のディーゼルエンジンを上回るようになったが、直噴ディーゼルの燃料圧はケタが違う。大型商用車用では240MPaも実用化されている。

乗用車用でも200MPaの燃料噴射圧をもち第4世代のピエゾ式インジェクターを備えた最新のディーゼルは、1回の燃焼で最大9回もの噴射が可能だ。その反応速度は0.1ms、つまり1万分の1秒間隔で噴射を制御していることになる。

ソレノイド式インジェクターも年々改良が進み、高反応化が可能になり、今や

図8 ピエゾ式インジェクター
電流を流すと伸縮する圧電素子を利用してノズルを開閉する。最新のピエゾ式インジェクターは、ピエゾ素子の動きが直接ノズルを駆動するもので、さらに高応答なものとなっている。

200MPaの燃料圧を使って、1回の燃焼で5回の燃料噴射を実現できるまでになっている。ディーゼルエンジンの燃焼噴射圧が高いのは、多孔式ノズルを使い、燃料の微細化を図っていることもある。

　圧縮比を上げるためにディーゼルエンジンのピストン頭頂部は、従来比較的平坦な形状になっていた。これに対し、現在の主流はピストンの頭頂部の内側を大きくえぐっている。直噴化によって無くなった副燃焼室の代わりにピストン頭頂部にくぼみを設けることで、圧縮上死点では小さな燃焼室を形成し、高圧縮化や噴射された燃料の広がりを調整することを可能にしている。

　ピストンの素材も軽量なアルミニウム合金を使うのが一般的だが、強靭で耐熱性も高く薄肉化できることから、鋼製のピストンも登場している。

ターボ、EGRとの組み合わせは必須

　そもそも排ガスの圧力が高いディーゼルエンジンは、ターボチャージャーとの相性がいい。NO_x対策やポンプ損失低減のため、低圧縮化を図る今日のディーゼルにとって、ターボチャージャーによる過給は不可欠と言える。そのため可変容量タービン、バリアブル・ディフューザー・ターボ（コンプレッサー側にも可変ノズルを備えたターボ）、2ステージターボなど、ディーゼルエンジンには様々なターボ技術が使われている。これに関してはかつてターボチャージャー編で触れているので、詳しくは割愛する。

　EGR（排ガス再循環）は、ディーゼルエンジンの排ガス対策や燃費向上対策において

不可欠といえる機構である。EGRでは、不活性ガスを燃焼室に導入するほど熱効率が向上することになるが、その反面燃焼室内の排ガス濃度が高まり過ぎると、噴射した燃料が酸素と結び付くのが阻害される原因となりPMなどの発生理由にもなってしまう。

ディーゼルエンジンの高効率化は、軽量化や高回転化によるところも大きい。軽油の発火点は250℃ほどなので、20以上もの圧縮比をかけなくても自己着火して燃焼させることはできる。ただし、圧縮比を下げると冷間時の燃焼を安定させることが問題となり、内部EGRの活用や補助熱源であるグロープラグの高性能化などにより解決するケースが多い。

機械的な圧縮比を下げることは、ピストンのストローク量を減らすことにもつながり、往復機関としてフリクションロスの低減にも貢献する。その他の可動部分においてはすでにフリクション低減が十分に図られている現在、ピストンの往復時の損失低減は大きい。さらに乗用車の場合、低圧縮化することにより、ドライバーの加速要求に対する反応を高めることも期待できる。

乗用車用ディーゼルエンジンについては、特に低圧縮化、低振動化により、高回転化を図っている例が多い。振動を打ち消ためにバランサーシャフトを採用したり、振動を吸収する液体封入式のエンジンマウントで狙った回転数域での共振を解消させる。

低圧縮でも確実に燃焼させるため、燃焼室内の空気の流れを積極的に利用している。例えば、低回転時には吸気の流速を高め、燃焼室内でスワール（横渦）流やタンブル（縦渦）流を起こして燃焼速度を高めるため、吸気ポートへのスワールバルブの採用や吸気バルブの片閉じなどの機構を持つエンジンもある。

現在の乗用車ディーゼルは、圧縮比を16程度に設定しているのが、高負荷時にはターボで過給することで、実質的な圧縮比は高めることができる。また高負荷時には過給による空気量の増加に合わせて燃料も増えるが、一時的に排ガス成分が増加してしまうためNO_x吸蔵還元触媒やDPFにそれらを溜め込むことで排出を抑える。

3 ディーゼルエンジンの排ガス後処理装置

複雑な3段システムで NOₓやPMを無害化

ガソリンエンジンに比べて、NOₓ（窒素酸化物）やPM（粒子状物質）といった有害物質が発生しやすいディーゼルエンジン。このため、年々厳しさを増す排ガス規制を、エンジン単体の改良でクリアすることはほぼ不可能だ。重要な役割を担う、ディーゼルエンジンの排ガス後処理装置を整理する。

　内燃機関は理論上、完全燃焼した場合はCO_2（二酸化炭素）とH_2O（水蒸気）しか排出しない。だが、実際には高圧下で爆発的に燃焼するため、HC（炭化水素）やCO（一酸化炭素）、NOₓ（窒素酸化物）などの有害物質が副産物として生成されてしまう。

　当然、エンジン本体は燃料噴射制御や燃焼室形状の工夫、点火時期および可変バルブタイミング機構の制御を組み合せて低公害化を図っている。それでも、排ガス規制をクリアするためには、有害物質を浄化する後処理装置が不可欠な存在になっている。

　特にディーゼルエンジンは、燃料に軽油を使い、ガソリンエンジンよりも高圧下で燃焼させることもあって、NOₓが発生しやすい。不完全燃焼を原因とするススも発生しやすく、これがPM（粒子状物質）として大気汚染の原因と問題視されるようになった。

　このためディーゼル車には、ガソリン車よりも複雑で高性能な後処理装置が搭載されている（**図1**）。コストは数十万円高くなる。これは、いかに燃料噴射の制御を高度化しても、高い熱効率によるNOₓの発生、高負荷時のPMの発生は抑えられないからだ。

ガソリンとディーゼルの違い

　ガソリンエンジンの場合は、排ガス規制をクリアするための後処理装置として3元触媒を用いている。これはHCとCO、NOₓの3要素を一度にH_2OとCO_2、N_2（窒素）に変換するもので、排ガスの安定化及び無害化においては非常に効果的だ。ただし3元触

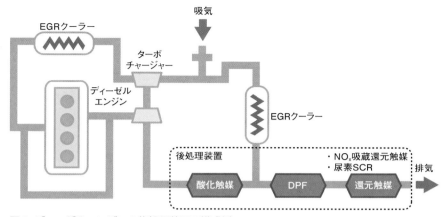

図1 ディーゼルエンジンの後処理装置の構成例
ターボチャージャーを通過した排ガスは酸化触媒によりHCとCO、NO_xの一部を還元し、PMをDPFにより再燃焼させて浄化する。最終的に残ったNO_xはNO_x吸蔵還元触媒あるいは尿素SCRによって還元し、厳しい排ガス規制をクリアする。

媒は、燃焼後の酸素濃度をフィードバックして理論空燃比へと導く制御があって、初めて機能するものである。

これに対してディーゼルエンジンの場合は、酸化触媒だけでなく、PMを回収するDPF（ディーゼル・パティキュレート・フィルター）やNO_xを無害化するための還元触媒を備えるのが一般的だ（**表**）。状況に応じて、それぞれの後処理装置が化合物を分解、あるいは一時的に貯蔵して再燃焼させることで排ガスを浄化する（**図2**）。

ディーゼルエンジンの酸化触媒は、ガソリン車にも使われている3元触媒と同じものである。還元作用によりNO_xやHC、COを無害化するものだが、NO_xが多いディーゼルエンジンでは、厳しい排ガス規制をこの触媒だけでクリアすることは難しい。

このため、後述するマツダを除き、今日のディーゼルエンジンで酸化触媒をメインの後処理装置としているものはない。酸化触媒で処理しきれなかったNO_xは、後段のNO_x吸蔵合金を用いた触媒や尿素を用いたSCR（選択還元触媒）による還元で無害化する。

PMを浄化するDPF

DPFはセラミックスの多孔性を利用したフィルターで、PMを捕捉する（**図3**）。触媒

表 排ガス後処理装置の種類と特徴

種類	酸化触媒	DPF	NO_x吸蔵還元触媒	尿素SCR
構造や目的、特徴	セラミックス、あるいは金属板で立体的な通路を作り、表面に白金（Pt）やパラジウム（Pd）などを触媒としてコーティング。NO_x、HC、COを還元してN_2、CO_2、H_2Oを生成する	格子状に押し出し成形したセラミックスの担体表面の片方を塞ぎ、互い違いにすることで壁面をフィルターとして利用。PMが担体内部に蓄積されると、排気温度を上昇させて再燃焼させることで詰まりを解消させる	触媒表面のレアメタル層にNO_xを吸着させ、ある程度蓄積された状態と判断すると理論空燃比より燃料を濃く噴射した燃焼を行い、NO_xを還元する	排ガス中にNH_3を無害化した尿素を噴射し、NO_xと反応させてN_2とH_2Oに還元する。尿素水噴射ユニットやECU、尿素水のタンクなどで構成
メリット	Ptなどのレアメタルを使い、排ガス中の成分同士を反応させることで無害化できる	PMの捕集、燃焼による蓄積の解消を一連の制御で実現。可動部（2系統の切り替え式を除く）がなく、安定した効果が見込める	尿素水など余分なランニングコストが不要で、NO_x低減を図れる	狙った有害物質を効果的に無害化できる。燃焼温度や燃料噴射の濃度などの制約を受けることなく、NO_xを還元する
課題	理論空燃比で燃焼させる必要があり、様々な走行条件の中では完全に無害化することは不可能	PMの再燃焼により温度が上昇し過ぎれば、担体が傷み、フィルターとしての効果が低下する。担体深部へのPM蓄積が増えると燃焼させ切れずフィルター性能が低下する	NO_x還元に燃料を余分に使うため、実用燃費がやや悪化する。NO_xの蓄積量は走行データによる推測でしかなく、還元の制御もそれに基づいて行う	厳しい排ガス規制をクリアするためには尿素水を大量に消費するので、燃料以外のコストがかかる

　の担体に用いられるのは、格子状に押し出し成形されたセラミックスが一般的だ。最近では焼結合金を利用した金属製の多孔性担体を用いたDPFも実用化されている。

　酸化触媒などは各格子の枠内をそのまま通過するフリーフロー型であり壁面表面に白金（Pt）やパラジウム（Pd）などを塗布して触媒反応させる。DPF用の担体はウオールフロー型と呼ばれるものだ。グリッドの半数の入り口を塞ぎ、隣り合っている半数は逆に出口を塞いだ構造となっている。これにより、入り口から入った排ガスのうち、セラミックスの壁を通り抜けられない大きな物質はDPF内に留まり、蓄積されていく。

　担体内部にPMが蓄積すると処理能力は低下するが、DPFには再燃焼してフィルターの詰まりを解消させて機能を維持し続ける機構が備わっている。一定量以上に集まったPMはエンジンの膨張行程終わりに行なわれるポスト噴射で排気温度を上昇させることにより、PMを再燃焼させてフィルターの詰まりを解消させる。

　PMは燃えカスではあるが、不完全燃焼した木炭のような状態のため、排気温度を

図2 日野自動車の大型トラックに搭載される後処理装置の例
排気量が大きく、またトラクターのように車体の全長が短い仕様もあるため、後処理装置を一体の構造としている。排ガスは、酸化触媒を先頭に各触媒を通過していきながら、S字を描くように浄化されて排出される。

600℃以上に高くして加熱してやることでO_2（酸素）と結び付き、H_2OとCO_2に変換されるのだ。

このポスト噴射は、排ガス中のPM自体を燃焼させることに役立つが、排気温度が高過ぎるとPMの燃焼が激しくなりすぎる場合がある。1000℃を超えると触媒のセラミックス壁を溶かしてしまう。そこで、排気温度をセンサーで監視しながら燃焼を制御している。こうしたフィルターの再生は主に軽負荷時やアイドリング状態に実行する。燃料を車両の駆動以外に消費する分、実用燃費はやや低下してしまう。

NO_xを還元する触媒の種類

NO_xを還元する触媒としては、NO_x吸蔵還元触媒と尿素SCRという二つの選択肢がある。端的に言えば、コストではNO_x吸蔵還元触媒に、処理能力では尿素SCRに強みがある。

図3 酸化触媒とDPFを通過する排ガスのイメージ
酸化触媒は排ガス中のNOₓ、HC、COを変換するが、フリーフロー型なので粒子の大きいPMはそのまま通過する。DPFは触媒担体の格子状の通路を互い違いに入り口と出口を塞ぐことで、セラミックスの壁面を通過できる微粒子以外を捕らえるようにした。

NO_x吸蔵還元触媒は貴金属を触媒層に使用するため、酸化触媒と同等以上のコストがかかるが、ランニングコストまで含めれば尿素SCRより確実に低コストだ。このため、ミドルクラス以下の車両ではNO_x吸蔵還元触媒が主流である。だが、今後厳しくなる排ガス規制を考えると、NO_x対策の主流は尿素SCRへと移っていきそうだ。

NO_x吸蔵還元触媒は、触媒の表面でNO_xを捉えておく（**図4**）。触媒内にNO_xが蓄積されたと判断すると排ガス中の酸素濃度を減少させる燃料過多の燃焼に切り替え、NO_xを還元させる（**図5**）。理論上はNO_xを完全に解消させることが可能だが、実際にはNO_xの蓄積量は走行データからの推測でしかなく、還元も様々な条件の走行中に行う必要が出てくるため、効果を発揮させるのは非常に難しい。

尿素SCRは、排ガス中にNH_3（アンモニア）を無害化した尿素水を噴射することでNO_xと反応させ、N_2とH_2Oに変換させるもの（**図6**）。排ガス中のNO_xに見合った尿素水を噴射する。排ガスを浄化する能力は極めて高い。還元のためにエンジンの燃焼を調整する必要はなく、走行にも影響を与えない。

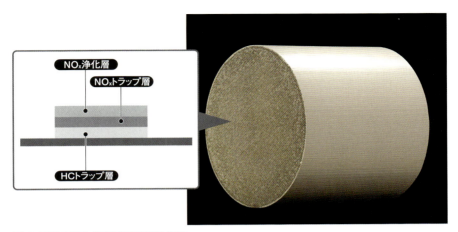

図4 日産のNOx吸蔵還元触媒の担体
セラミックス製の担体はフリーフロー型で、壁面にHCトラップ層とNOxトラップ層、NOx浄化層の3層の触媒が塗布されている。

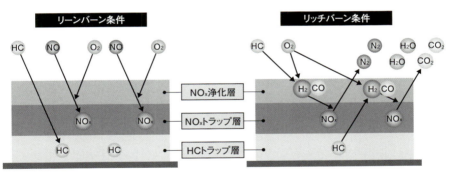

図5 日産のNOx吸蔵還元触媒を使った還元の仕組み
通常はリーンバーンで排ガス中に発生するNOxとHCを捕らえておく。一定量のNOxが蓄積されたと判断するとポスト噴射でリッチバーン環境を作り出し、NOxの少ない排ガスを触媒に当てることで、N2とCO2に変換して浄化させる。

　問題はシステムの搭載コストだ。尿素SCRは、SCR触媒の他、尿素水を蓄えておくタンクや供給用の噴射ユニットなどが必要になる。さらに、尿素水は2万kmの走行ごとなど定期的に補充するため、車両のランニングコストに上乗せされる。
　コストの欠点はあるものの、尿素SCRのNOx低減効果は非常に優れたものだ。極論を言えば、PMの発生を抑えてNOxを発生させても、尿素SCRでNOxを解消させるこ

図6 尿素SCRによるNO$_x$還元のイメージ
DPFを通過した排ガスに尿素水を噴霧する。排気管を通過していく中で排ガスと交じり合い、セラミックス担体の触媒に到達すると還元反応を起こす。最終的には余剰分のNH$_3$を無害化する触媒を通過して大気に排出される。

とで排ガスは浄化できる。

マツダは酸化触媒とDPFだけ

　ここではディーゼルエンジンの後処理装置を、酸化触媒を先頭にDPF、NO$_x$を処理する触媒の順番で解説してきた。だが、DPFとNO$_x$を処理する触媒を置く順番は、実はメーカーによって異なる。

　排ガス規制をクリアするだけであれば、どちらを最後にしても問題はないだろう。だが、実用上はDPFによってPMを再燃焼させるとNO$_x$が発生することも想定できることから、NO$_x$を処理する触媒を最終位置に置くのが最も効果的と思われる。

　また、上記の3種類の後処理装置のうち一部しか搭載しないという選択もある。代表的なのが、マツダのディーゼルエンジン「SKYACTIV-D」だ。後処理装置は酸化触媒とDPFのみで、NO$_x$を処理する専用触媒を持たない。

　SKYACTIV-Dは、圧縮比を下げることでNO$_x$の発生を抑えて専用触媒を不要とした。システムの簡素化と低コスト化を実現し、日本や欧州で展開している。ただし、

NO_x の排出レベルが最も厳しい北米の規制には対応しきれずに発売を延期している。このことは、後処理装置の必要性を感じさせる出来事と言える。

一体化でRDE規制に対応へ

　これまでに紹介した浄化装置は、個々の機能を追求するため、それぞれ単独で設置され後処理装置として構成されてきた。最近の動きとして、2種類の触媒を一体化する技術も導入され始めている。一体化により、後処理装置、ひいては車両の小型軽量化を図る。

　さらに、エンジンの燃焼損失の低減も狙う。厳しい燃費基準をクリアすることが要求される乗用車市場において、環境性能と経済性を両立させることは不可欠だ。そのためDPFとSCR触媒を一体化したSCRフィルターや、酸化触媒と NO_x 吸蔵還元触媒の機能を一体化させたLNT（リーン NO_x 吸蔵還元触媒）などの開発が進められている。

　代表的な後処理装置としての触媒の種類は以上のものであるが、ガソリン車のように3元触媒をタービンや排気マニホールドの直後だけでなく、DPFの後にも備えるなど、ディーゼルエンジンでも二段三段構えで浄化させる構造も珍しくない。こうした後処理装置が完全に機能することによって、今日のディーゼルエンジンはガソリンエンジンと同等以上の環境性能を誇るまでになった。

　それでも、更なる技術開発が求められている。現状の後処理装置は、現行で最も厳しい米国の「Tier2Bin5」や欧州の「Euro6」といった排ガス規制をクリアするためには十分。だが、今後導入が予定されている実走行時の排ガス測定を実施するRDE（Real Driving Emission）規制に対応するためには、さらにもう一段技術レベルを高めることが要求されていくのだ。

4 エンジンの気筒休止機構

低負荷時は燃やさない
小型車にも採用広がる

一時は忘れかけられたエンジンの気筒休止機構が、再び注目を集め始めている。大排気量のエンジンを中心に搭載されてきた同技術が、1.0Lクラスの小型エンジンでも必要になってきたからだ。気筒を休止させる方法は3種類に分類できる。

エンジンの気筒休止機構は、一部のシリンダー（気筒）の燃焼を休止する機構である（図1）。燃料噴射を停止し、点火をさせないことで特定の気筒で燃焼を止め、燃料の消費量を減らす。さらに、ポンピングロスの低減も期待できる。発想は1980年代にさか

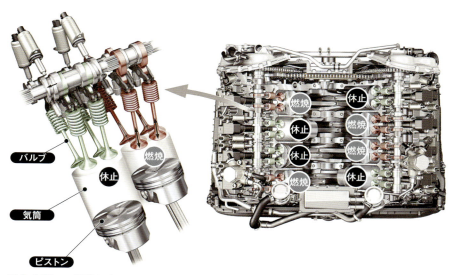

図1 気筒での燃焼を止める
写真はAudi社の例。気筒休止を実現する機構は、特定気筒への燃料供給停止や独自のバルブリフト機構を利用してバルブ駆動を停止するものなど様々ある。なお、ピストンは動き続ける。

のぼる。古くは米国車のV型8気筒エンジンや、2サイクル3気筒の軽自動車でも気筒休止機構を搭載した例がある。

　大排気量で多気筒のエンジンほど出力に余裕があり、負荷の低い走行領域では気筒を休止しやすい。このため、これまではV型8気筒やV型12気筒のエンジンに搭載し、8気筒を4気筒に切り替えたり、12気筒を6気筒にしたりするといった例が大半だった。

　最近では、気筒数の少ない小排気量エンジンでも同機構の採用が進み始めた。例えば、ドイツVolkswagen（VW）社は2012年に発売した7代目「ゴルフ」で、気筒休止機構を備えた排気量1.4Lの「TSI」エンジンを搭載した。2016年11月に発表したゴルフの全面改良によってエンジンは排気量1.5Lの新型品へと置き換えることになったが、新エンジンでも引き続き気筒休止機構を設けている。低負荷域で2気筒分の吸排気弁を閉じ、燃料を噴射しないようにした。

　米Ford Motor社は、排気量1.0Lの3気筒エンジン「EcoBoost」の更なる燃費改善策の一つとして気筒休止機構を検討する。道路上での実験では同機構により燃費が最大6％向上したという。ダウンサイジングやアトキンソンサイクルのエンジン、ハイブリッド車の普及によって、エンジンの効率向上が強く求められるようになってきた。一時は忘れかけられた気筒休止機構が、再び注目を集めつつあるのだ。

休止で燃料の消費を節約

　気筒休止機構は、稼働する燃焼室を減らすことで燃費改善できるのが最大の利点である。特に、軽負荷での走行中やアイドリング状態で気筒を休止させることで、燃料を節約し、CO_2の排出量も抑制する。

　だが、単に休止させた気筒分の燃料噴射停止により、その分の燃料消費が低減されるわけではない。ピストンは動き続けるためだ。休止気筒分の駆動損失はそのまま稼働している気筒が負担するので稼働する燃焼室への燃料噴射量は増やさなければならない。

　副次的な効果もある。稼働気筒に対しては負荷が高まるため、相対的にはスロットルバルブの開度を大きくする必要がある。この結果、スロットルバルブによる吸気の絞り損失が少なくなり、ポンピングロスを減らせるのだ。

　大量EGR（排ガス再循環）機構を備える最新のエンジンでは、気筒休止しなくても実際の排気量を減らし、スロットルバルブ開度を大きくすることは可能だが、EGRの導

入にも限界がある。更なる燃費向上のために気筒休止を併用して採用する傾向が強まってきた。

　同様に、スロットルバルブ開度を大きくしてポンピングロスを低減するバルブ駆動関連の技術に可変バルブリフト機構があるが、気筒休止はより燃費低減効果の大きい仕組みとして位置付けられる。

　理由は明快で、内燃機関の損失のうち、多くを占める排気損失や冷却損失といった、捨ててしまう熱を発生させないからだ。このため、気筒休止機構を導入すれば、アトキンソンサイクルやクールEGRよりも根本的に効率を高くできる。

騒音・振動対策は必須

　気筒休止機構は、本来スムーズで快適な多気筒エンジンの美点に逆行する仕組みとも言える。このため、燃焼間隔の変化や燃焼回数の減少による振動や騒音など、快適性悪化の対策が必要になる。特に高級車では快適性の確保は欠かせない。

　ドイツDaimler社は、「Mercedes-Benz」ブランドの「Sクラス」などに搭載するV型12気筒エンジンに、2001年から気筒休止機構を採用している。排気干渉による排気音の変化により著しく快適性を損なうことから、排気系にも切り替え機構を設けて、特定の周波数の排気音を低減させている。

　ドイツAudi社は電磁振動コイルにより逆位相の振動を発生させて、エンジンの振動を相殺するアクティブ・エンジン・マウントを開発し、気筒休止時の振動を著しく改善させた。現在では、更に高度化された可変バルブタイミング機構によりアトキンソンサイクル化することでも燃焼圧力を抑えて、振動軽減を図る手段もある。

片側のバンクを一斉休止

　気筒休止の仕組みは、構造により3種類に分類できる（**表**）。V型エンジンの片側のバンクを一斉に休止させる「片バンク休止型」と、特定のシリンダーを休止させる「気筒選択型」、3気筒エンジンなどで順番に気筒休止を繰り返す「循環休止型」がある。

　片バンク休止型は最も歴史が古く、米GM社がV型8気筒エンジンで初めて採用した。8気筒のうち4気筒を休止させて、最大30％燃費を改善させたという（**図2**）。実燃費では走行条件により効果が左右されるが、高速巡航が多いほど燃費向上に貢献するのは間

表 気筒休止の主な方法

気筒休止の種類	片バンク休止型	気筒選択型	循環休止型
仕組み	V型エンジンの片バンク全ての気筒を休止する。気筒にあるリフター内の油圧を変化させてバルブ駆動を止め、燃料噴射も停止する	直列気筒のうち一部を休止する。リフターやロッカーアーム、カム山を切り替えることでバルブ駆動を止める	全気筒を順次休止させることを繰り返す。回転あたりの燃焼回数を半減させる
利点	大排気量で余裕あるトルクを発揮するエンジンのまま、軽負荷時には排気量を半減させて燃費を向上できる	直列気筒の一部を休止させても、燃焼による振動などを考慮した休止気筒の選択が可能	3気筒エンジンなど奇数の気筒でも導入可能。6ストローク機関により、回転数が上昇しても燃料消費を抑えられる
課題	高速巡航時には燃費向上が図れるが、機械的損失が大きく、理論上ほど燃費削減は大きくない	エンジンマウントや排気系の工夫など振動や騒音対策を施しても、現時点では快適性が低下する	直噴化が必須。制御が複雑で高度になるため、システムがコスト高。吸排気の脈動に対する干渉や未燃焼ガスによる振動や騒音などを解決する必要がある

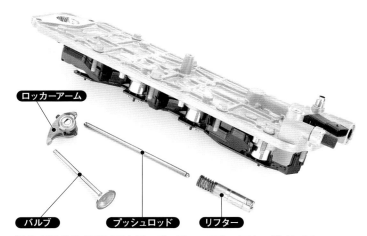

図2 GM社のAFM（アクティブ・フューエル・マネージメント）
V型8気筒やV型6気筒のエンジンに搭載されているシステム。エンジンのカムシャフトの動きをプッシュロッドへと伝えるリフターでカムの動きを休止する。リフター上部にあるスプリングは、油圧停止時にプッシュロッドが遊ばないようにするためのサポート。油圧の制御は上部に配置したソレノイドバルブをまとめたコントロールユニットで行う。

違いない。

一般的には、ロッカーアームを駆動する油圧リフターへの油圧供給を停止させ、バルブを全閉状態にすることで実現する。

バルブ開閉を継続していると燃焼室内の吸排気によるポンピングロスが発生するが、バルブを閉じたままにしておけば、圧縮工程では抵抗になるものの膨張行程では圧縮に要したエネルギーの大部分を回収できる。摩擦による損失は避けられないが、駆動損失は前述の通り稼働気筒のポンピングロス軽減に役立つものでもある。

　高速巡航時に燃費を改善させるだけでなく、大排気量で多気筒のエンジンでは再始動時の燃料消費やタイムラグが大きいことから、アイドリングストップ機構の代わりに気筒休止を採用するケースもある。かつてトヨタ自動車が販売した「レクサスLFA」のV型10気筒エンジンにも、アイドリング時に片バンクを休止させる機構を採用していた。

　ピットロードの速度制限など規則を利用し、スピードリミッターを作動させている間は片バンクの燃料をカットするレーシングカーも存在する。この場合はバルブが駆動し続けるため駆動損失は大きくなるが、それでも稼働気筒の負荷増大もあり燃費低減を図れる。

　ターボチャージャーを搭載したレーシングエンジンでは、コーナー出口での加速時にタービンの立ち上がりを高めるために気筒休止を活用する技術もある。コーナリング時にもスロットル開度を維持し、エンジン回転数を高く保ったままトルクを低減させるのが狙いだ。

複雑なバルブ制御が必要に

　第二の方式である気筒選択型は、同列の気筒のうち特定の気筒の燃焼を休止させるものだ。V型8気筒エンジンでは例えば、図1のように片バンクの内側2気筒と、もう一方のバンクの外側2気筒を休止させる。片バンク休止型に比べて、振動増加など快適性低下への対策を取りやすい。その分、状況に応じて休止させる気筒を変えるため、バルブ駆動機構としては制御が複雑になる。

　ホンダはロッカーアーム切り替え型の可変バルブタイミング・リフト機構の「VTEC」をベースにした気筒休止システムを開発した。2007年に発売した「インスパイア」のV型6気筒エンジンでは6気筒燃焼に加えて、片バンクのみの3気筒、左右バンク2気筒ずつの4気筒という3種類の排気量を使い分けるようにした（**図3**）。ロッカーアームを切り替える油圧経路を四つ設け、さらに両バンクの特定シリンダーを休止させることにより実現した。

図3 ホンダの気筒休止システムに使われる可変ロッカーアーム
油圧によりロッカーアームの作動を切り替えることで、気筒休止を実施する。ロッカーシャフト内の油圧でピストンピンを動かし、ロッカーアームの断続を制御する。

　ホンダはその後も、V型6気筒エンジンで気筒休止機構を採用しているが、ハイブリッドシステムを併用していることもあり、片バンク休止のみの制御となっている。

　Mercedes-Benzの高性能ブランドである「AMG」でも、油圧ラッシュアジャスターを可変式とすることで気筒休止を実現した機構を2012年から採用している（**図4**）。直噴エンジンとの組み合せは、燃料の削減をより進めることができるため、さらに気筒休止を効果的なものとしている。

　VWグループが採用している気筒休止システムのメカニズムは、Audi社が開発した可変バルブリフト機構「AVS（アウディ・バルブリフト・システム）」を気筒休止用に応用したもの。カム山がない状態に切り替えることでバルブ駆動を停止できる（**図5**）。

　VW社のゴルフなどに搭載してきた1.4LのTSIエンジンでは、負荷の少ない領域で4気筒のうち2気筒を休止する。4気筒エンジンの2番気筒と3番気筒のバルブを動かすためのカムローブ（カムの山になる部分）を、カムシャフトの軸方向に動かせるようにしている。カムローブに彫り込まれた斜めの溝にピンを差し込むことで動かす。平地で

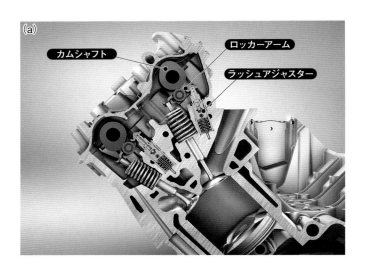

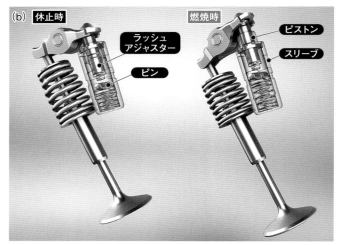

図4 Daimler社が「AMG」ブランドのV型8気筒エンジンに採用
(a) スイングアーム式ロッカーアームを支えるラッシュアジャスターにスライド機構を設け、油圧によりピストンピンの出し入れを制御する。(b) ピストンを押し込んだ状態にすると、カムがロッカーアームを押し下げる力はラッシュアジャスターの外側にかかり、バルブは動かなくなる。

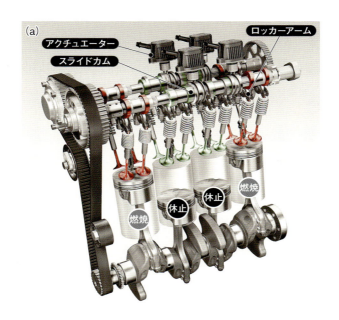

図5 VWグループが採用する気筒休止システム
(a) カムの回転によりスライドカムが左右に動く。(b) カムローブ（カムの山になる部分）に彫り込まれた斜めの溝にピンを差し込むことによってカムローブを軸方向に移動させる。ロッカーアームがカムの出っ張りがない部分を通るようになるので、気筒が休止する。

の定速走行など、エンジンにかかる負荷が低いときにはカムローブをスライドさせて、ロッカーアームをフリーにすることで、2番気筒と3番気筒のバルブの動作を休止させる。1番気筒と4番気筒だけで動力を発生させることにより、低回転域では約20％燃費を改善できるとした。

PHEVやEVへの適用も

　第3の方式である循環休止型は、全てのシリンダーを順番に休止させていく方式である。ドイツSchaeffler社は油圧バルブリフト機構の「UniAir」を利用して、3気筒エンジンの各気筒を順次休止させる「1.5気筒化」を提案している（UniAirの詳細は2016年2月号の本連載を参照）。

　ダウンサイジングによって生まれた3気筒エンジンをさらに気筒休止で燃費低減を図る考えだ。これを発展させれば、休止気筒はバルブリフトを最大にして掃気することにより、燃焼室内の残留ガスを排出させて、高圧縮化や燃焼温度を抑えるなど効率向上にも役立ちそうだ。

　プラグインハイブリッド車（PHEV）や発電機（レンジエクステンダー）を備えた電気自動車（EV）に搭載する発電用エンジンにも活用できる。気筒休止を採用することにより、発電量に応じてエンジン回転を変えるのではなく気筒休止によって気筒あたりの負荷を安定させることで、効率を高められるからだ。

　空気を圧縮して送り込むターボチャージャー、排ガスを再循環させるEGR、筒内の充填率を変化させる可変バルブタイミング機構などと同様に、気筒休止システムも可変排気量化を実現する手段として更なる効率を追求していくことになるだろう。

5 ターボチャージャー

排ガスの圧力を吸収し
エンジンに空気を押し込む

エンジンは、空気と燃料を取り込んで圧縮し、燃焼させることで駆動力を発生させる。エンジン燃焼時に排ガスの熱エネルギーを回収し、エンジンに空気を押し込む装置がターボチャージャー。最近ではエンジンの出力向上や高効率化に欠かせない存在になっている。

　ターボチャージャーは、エンジンの出力を補助し、加速性能を高める装置として認識されてきた。最近では自動車メーカーへの排ガス規制や燃費規制の強化を背景に、排ガスをよりクリーンにしたり、燃費を改善するなど環境対応装置としても注目を集めている。

　ターボチャージャーは排ガスの熱エネルギーをタービンによって回収し、タービンと直結したコンプレッサーがエアクリーナーから吸い込んだ空気を圧縮してエンジンに送り込む（**図1**）。

　ピストンの下降による負圧で空気を吸い込む自然吸気エンジンの場合、吸気系の弁が抵抗となってポンピングロスが発生してしまう。ターボチャージャーを追加するとエンジンが吸い込む負圧から、空気を押し込む正圧となり、吸気系の弁があってもシリンダーの充填効率は大幅に高まる。シリンダーの容積以上に空気を押し込むことができるため、実質的に排気量を拡大するのと同じ効果をもたらす。エンジン排気量を減らしつつ、性能を高められる。

ターボシステムの配置による違い

　採用するターボシステムの種類や配置は、自動車メーカーによって異なる。ターボは熱効率を高める装置ではあるものの、安定した性能を引き出すために搭載するエンジン

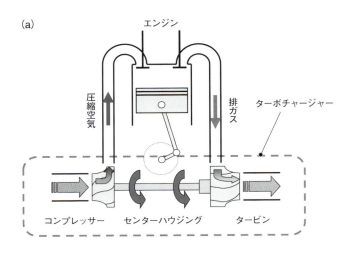

図1 ターボチャージャーの構成
(a) 排ガスからエネルギーを回収するタービン、空気を圧送するコンプレッサー、両者を連結させるセンターハウジングで構成する。センターハウジングは1分間に20万回転するタービンシャフトの軸受けとして機能し、エンジンオイルで潤滑・冷却される。(b) 実機の構成。

第1章／エンジン

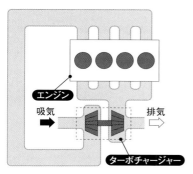

シングルターボ
エンジンに対し1基のターボチャージャーで過給する。

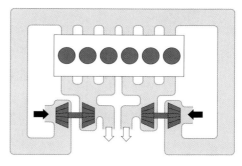

ツインターボ（パラレル）
同じサイズのターボチャージャー2基で過給する。

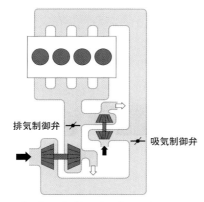

ツインターボ（シーケンシャル）
大小2種類のターボチャージャーを組み合わせることで、低回転から高回転まで、より安定した過給圧を実現する。

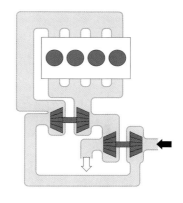

ツインターボ（2ステージ）
排気ガスが少ない時には高圧タービンだけで過給し、排気ガスが多い時には低圧タービンで過給した空気を高圧タービンでさらに圧縮する2段過給を行なう。排気ガスの量や圧力に応じて高圧タービンに排気ガスを集中させたり、低圧タービン側にバイパスさせることで排気効率とタービンの稼働効率を両立させる。

図2 ターボチャージャーの主な種類

に合わせて最適な配置とする必要があるためだ。

　基本的な構成は以下の4種類である。ターボチャージャー1基を搭載するのが「シングルターボ」、2基で構成するのが「ツインターボ」である（**図2**、**表**）。ツインターボは、ターボの配置によって「パラレル」「シーケンシャル」「2ステージ」の3種類に分かれる。

表 ターボ構成のメリットとデメリット

ターボシステムの種類	メリット	デメリット
シングルターボ	シンプルなシステムでエンジンの熱効率を高めることができる。コストパフォーマンスが高いターボシステム	大型のターボ一つを使うと、加速時に過給圧が高まるまでにタイムラグが生じることがある。4気筒以上のエンジンでは排気干渉により排ガスの圧力にロスが出る
ツインターボ（パラレル）	大きなターボ1基を2基に分割することでタービンホイールを小型軽量にできる。排気干渉を解消させることで、より少ないロスで排ガスの圧力をタービンで受け取ることができる	ターボ2基に加え、システムが複雑になることで、シングルターボに比べ質量増やコストアップになる
ツインターボ（シーケンシャル）	大小二つのターボチャージャーを使い分けることで、低回転域から高回転域まで安定した過給圧を提供して、幅広い回転域で高いトルクを発生できる	パラレルよりも複雑で配管も長くなるので、質量やコスト面で不利。またエンジンの応答性が緩慢になりやすい
ツインターボ（2ステージ）	排ガスのエネルギーをまず高圧側のタービンで受け取り、そこを通過した排ガスで低圧側のタービンも回す。排気ガスからより多くのエネルギーを回収して、エンジンの熱効率を高める	ターボ本体や制御系が複雑になる。排ガスの圧力が低いガソリンエンジンには不向き

　エンジンに対して1基のターボチャージャーを備えるシステムがシングルターボである。4気筒以下のエンジンでは一般的にみられるシステムだ。排気量が小さいエンジンについては、質量増やコストの点から複雑なターボシステムを採用することはほとんどなく、このシングルターボが選ばれている。

　ツインターボ（パラレル）は主に6気筒以上の多気筒エンジンに使われる。ターボチャージャーを2基使用することにより、1基を小型化できるためターボラグ（過給の立ち上がり遅れ）を減らし、低回転から高回転まで安定した過給を実現できる。また排ガスの脈動による干渉を防ぐために2基に分けて配置することもある。

　ツインターボ（シーケンシャル）もターボチャージャーを2基配置するのは同じだが、大型と小型と大きさの異なるターボを配置して、これらを連続的に切り替えて使用する。低回転域では小さなターボ、中回転からは大きなターボが過給することで、出力特性がなだらかになり、扱いやすく安定した過給を実現できる。一方で、配管などは長くなるため、システムとしてはやや重く複雑になり、エンジンの応答性も全体としては緩慢になりやすい。

　パラレル、シーケンシャルが並列にターボを組み合わせるのに対し、直列に組み合わ

せて2段過給するシステムが2ステージターボである。空気を押し込むほど効率が高まるディーゼルエンジンの場合、低回転低負荷からの加速ではタービンを回す排気エネルギーが低く、大きなタービンを回せない。しかし、十分に回転数が上昇し負荷が高い状態では、大量の空気を必要とするため大型のタービンが必要になる。この相反する条件を解決させるレイアウトの一つが2ステージターボである。低回転低負荷からの加速時には高圧タービンのみに排気ガスを集中させて稼働させ、過給圧を確保する。

　エンジンの回転が上昇し、排気ガスエネルギーが高まれば低圧タービンも本格的に稼働し、過給を開始する。高回転高負荷時には大型の低圧タービンで過給した空気を、さらに高圧タービンで圧縮して一層の過給を行なう。最終的には2段過給により、より大型のタービンと同等の出力を得ることが可能なのだ。複雑な切り替えバルブによりシーケンシャルと2ステージを切り替えて使えるターボシステムもある。いすゞ自動車はトラック用のディーゼルエンジンで2ステージターボを実用化している（図3）。またマツダの「SKYACTIV-D2.2」など乗用車用のクリーンディーゼルでも2ステージターボの採用例が増えている。

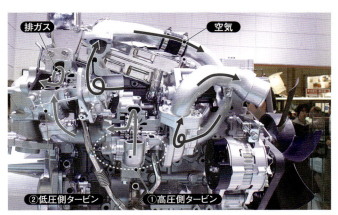

図3　2ステージターボのディーゼルエンジン（いすゞ自動車）
排ガスの流れと空気の流れを矢印で示した。排ガスでまず高圧タービンを回し、次いで低圧タービンを回す。空気の流れは逆に低圧ターボが圧送したものを高圧ターボに導く。排ガスが少なく低圧ターボが仕事をする前は、高圧側の可変ジオメトリー（VG）タービンがベーンを閉じて力強く回る。

空気を冷却して充填量を増やす

　ターボチャージャーで空気が圧縮されると、そのエネルギーは熱となって空気の温度を上昇させてしまう。それはガソリンエンジンの場合、ノッキング（異常燃焼）を引き起こす原因にもなり、ディーゼルエンジンにとっても燃焼温度が上昇して排ガス成分に悪影響を与えることになる。

　ターボによる空気の温度上昇を抑制するために、温度が上昇した空気を燃焼室に送り込む前に冷却する装置がインタークーラーである（図4）。エンジンの冷却水を冷やすラジエーター同様、インタークーラーも走行時の風を利用する熱交換器だ。これによって空気密度を高めることができる。

　同じようにエンジンの吸気系を過給する装置にスーパーチャージャーがある。エンジンのクランク軸の出力を取り出してコンプレッサーを駆動するもので、エンジンの駆動損失が加わりターボほど効率は高くない。

　働きがエンジンの回転数と完全に比例しているため、大排気量エンジンのような扱いやすい特性になることや、吸排気のパイピングが複雑になることも少ないので、高級車を中心に採用されている。

　ターボチャージャーは前述のように高性能である反面、クルマの安定した走りを両立させるには制御が難しかった。だがエンジンのスロットルバルブやターボの過給圧を電

図4　吸気の温度を冷やすインタークーラー
ターボチャージャーで加圧されて温度が上昇した空気を冷やし、空気密度を高める。ターボシステムの効率向上には欠かせない。

子制御するなど、制御が高度かつ緻密になることにより、ターボのデメリットは今やほとんどの部分が解消されている。

ターボの基本性能を決めるA/R

　ターボチャージャーはその装置単体が高度な機械だ。流体力学や材料工学、振動工学など工学系の技術を駆使して作り上げられている。

　ターボチャージャーの基本特性を決めるいくつかの要素がある。まずはA/Rだ（**図5**）。Aとはタービンハウジング入り口の最狭部の断面積、Rはパイプ断面積の中心からタービンホイール中心までの距離だ。

　どれだけの太さのパイプから排ガスをタービンホイールに当てるのかがAであり、Rはそのパイプから出口となるタービンホイールのハブ部までの距離である。パイプが太い方がたくさんの排ガスを送り込めるが、エンジンが低回転のときには排ガスの流速が落ちるため、タービンの勢いは鈍くなる。

　Rが大きいほど排ガスはタービンを回しやすいことから、エンジンが低回転でもタービンを回す力を得やすいが、タービン出口までの排ガスの移動距離は大きいため、高回転域では流量の上限に達しやすい。内部では空気の流れが音速に限りなく近づくこともあるほど、極限状態でターボは働いている。

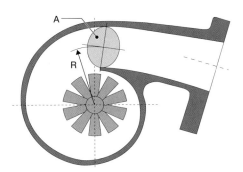

図5　ターボチャージャーの特性を左右するA/R
Aはノズル部分の面積、RはAの中心からタービンの中心までの距離。A/Rは比率なのでサイズに関係なく、同じサイズでもA/Rが異なるとターボチャージャーの特性が変わる。

同じ容量のタービンであっても、A/Rが小さいタービンは低回転域から応答性が良く過給圧の立ち上がりが早いものとなり、A/Rが大きいタービンは応答性が緩慢になるもののエンジンが高回転域で高い過給圧を維持して高出力を発揮するという特性になる。

実際にはタービンホイールの羽根の形状や、ホイールに排ガスを導くタービンハウジングのスクロール形状も、特性に大きな影響を与えることになる。スクロールとホイールのデザインが排ガスの流れを作り出すのだから、当然のことである。

羽根の長さは長短組み合わせる

中心部分から空気を吸い込み、ホイールの回転による圧力と遠心力で空気を圧縮、圧送するコンプレッサー側についても、同じことがいえる。コンプレッサー側は空気に運動エネルギーを与える側なので、さらに重要だ。

実際には羽根の表面を流れる空気は、様々な向きに乱流を起こしながら圧送されている。すべての羽根を同じ形状にしてしまうと、特性が狭く限られたものになってしまうため、コンプレッサーホイールには長さや形状を変えた羽根を組み合わせるスプリッターブレードが採用されている（**図6**）。

エンジン回転数の変化幅が大きいガソリンエンジンでは、全域で排ガスすべてを使えないため、高回転域では排ガスの一部をウエイストゲートから逃がし、タービンの回転数を適正に保つ。このウエイストゲートはブースト圧の制御にも利用されている。タービン＆コンプレッサーのホイールを連結するシャフトを支える軸受けを滑り軸受けではなく、玉軸受けとしているターボチャージャーもある。

これにより摩擦損失は確実に軽減される。過給圧の立ち上がりも早く、高回転時にも軸受部の摩擦損失が少ないのが利点だが、コストの問題と高回転時にはボールベアリングの接触によるノイズが発生するという課題がある。これは近年の乗用車の静粛性の高さと、ターボエンジンであることを意識させない仕上がりを自動車メーカーが求めていることが背景にある。

排ガス温度が高く、熱の面で厳しいガソリンエンジン用のターボチャージャーは、ほとんどが水冷化されている。オイル室を取り囲むようにウオータージャケットがあり、冷却が必要な軸受部分はエンジンオイルと冷却水の2系統で冷やしている。これにより

図6 コンプレッサーホイール
長さの異なる翼（ブレード）とすることで回転効率を高める。幅広い回転数で効率良く空気を圧送するために、長翼と短翼を組み合わせたスプリッターブレードを採用している。ブレードの数や形状によりコンプレッサーマップによる特性は大きく変わる。

軸受け部の蓄熱によるヒートソークバック（エンジンオイルの炭化）を防いで耐久性を高めている（図7）。

　ターボチャージャーは、エンジンの排気量や狙う特性に合わせてサイズや細部の仕様を選択して搭載される。ターボチャージャーには、最大風量やタービンの回転数の上限、さらには回転数ごとの風量や圧力に限界がある。コンプレッサー出口の圧力が高すぎると、それ以上空気を圧送できないサージングという現象が起きる。

　風量も内部の流速が音速を超えてしまうとそれ以上は流量が増えなくなるチョーキングが起きる。つまりエンジンにターボチャージャーを組み合わせるには、そのターボの圧力と風量、さらにタービン回転数とのバランスを考えて選定する必要があるのだ。このタービンの特性を表現したものがコンプレッサーマップ（図8）である。

　実際にエンジンにターボチャージャーを組み合わせる場合には、そのタービンの特性を表現したコンプレッサーマップにより、的確なマッチングを実現している。現在はCFD（数値流体力学）を使ったシミュレーションで、コンプレッサーが実際に使用する流量や圧縮比を決定することができる。

図7 ターボの冷却機構
ターボチャージャー中央の軸受け部はエンジンオイルが圧送され、タービンシャフトとの間に油膜を保ち続ける。シャフトはオイルの上に浮いて保持される。オイルはシャフトから熱を奪う冷却も兼ねているが、ガソリンエンジンのターボは高熱に対応するため、冷却水によっても冷やされている。

低回転域の対策進む

　ターボエンジンを搭載したクルマは、排ガスのエネルギーが十分に大きい中高回転域は問題ないが、低回転域のエネルギーが小さいときにはタービンを回す力が弱くなり、加速力の立ち上がりに遅れが生じることがある。いわゆるターボラグと言われる、加速の"もたつき"だ。

　それを解消する1つの対策方法が、ツインスクロールタービンである（**図9**）。排ガスの流路を二つに分けてエンジン回転数が低く排ガスが少ないときには二つの内の一つの吹き出し口だけを使い、排ガスの流速を保つことでタービンを回す力を確保する。これによりタービンのA/RのAを小さくしてRを大きくする効果がある。そして回転が上昇したときには、力強く速くタービンを回す。

　ツインスクロールのもう一つの目的として、エンジンの排気干渉の影響を受けにくいというメリットがある。この二つの理由から、従来であればツインターボが必要であったものをシングルターボに置き換えられる技術として、利用が進んでいる。

　このツインスクロールの低回転対策の考えをさらに進めたのがVG（可変ジオメトリー）タービンである（**図10**）。タービンホイールの周囲に角度を変えられるベーンを配

第1章／エンジン

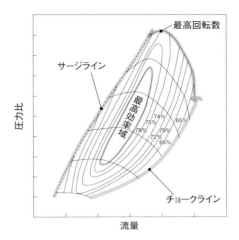

圧力比:コンプレッサーの吐出圧力/吸入圧力
流量:コンプレッサーが1分間に吸い込む空気の量
最高回転数:コンプレッサー(タービン)の最高回転数

図8 コンプレッサーマップの例
タービンの回転数ごとにコンプレッサーの入り口と出口の圧力差の限界、流量の限界がある。ターボチャージャーの効率が良いのはサージラインとチョークラインの範囲内でタービンの回転数も最高回転数を超えないレベルで運転させることだ。水平曲線の中心に近いほど、コンプレッサーの効率が高くなる。

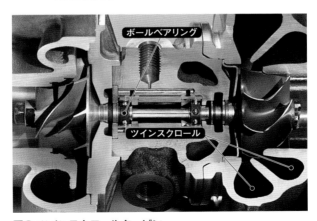

図9 ツインスクロールタービン
タービンシャフトの軸受けにボールベアリングを用いた通称「ボールベアリングタービン」。フリクションロスの低さから応答性に優れる。写真はタービンハウジングを二つの経路に分けたツインスクロールタービンである。

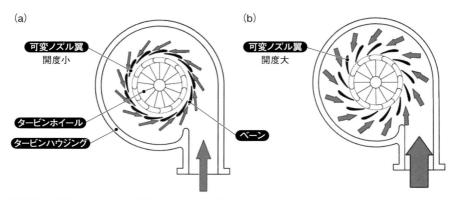

図10 可変ジオメトリー(VG)タービンの動作
VGタービンの可変ベーンが可動する様子。(a) 低回転時はベーンの開度を小さくすることで、スクロールのノズル部分を細くした仕様と同じ効果が得られる。(b) 高回転時にはベーンを開くことでノズルを太くした仕様に近くなり、多くの排気ガスがタービンホイールに当たり、速く力強くコンプレッサーホイールを回す。

置する。

この結果、A/RのAを小さくするのと同じ効果を得られる。現在はディーゼルエンジンでの採用(ドイツPorsche社だけはガソリンエンジンの「911ターボ」に採用)にとどまるが、耐熱性の高い合金の開発や、構造を改善することでコストを引き下げてガソリンエンジンにも普及させようという動きもある。

ターボの開発の方向性

ダウンサイジングやアトキンソンサイクルなどの技術によってエンジンの効率が高まると、排ガスに残っている熱エネルギーは減少していく傾向にある。ターボにとってはエネルギーを得られにくい状況になるが、エンジンの効率を高めるにはターボはこれからも必要な存在である。ターボチャージャーについてもさらなる効率向上が求められている。

現在のところ、ターボチャージャーの効率は60%前後だといわれている。これはタービンの効率が82〜83%、コンプレッサーの効率が81〜82%であり、さらに機械的な損失を加えて算出したものだ。より幅広い領域で過給を実現するワイドレンジコンプレッサーホイールの開発や、内部構造の摩擦損失の低減、あるいはコンプレッサーハウジ

ングのスクロール形状の改善といった、これまでの長い歴史の中ですでに十分熟成されたものであっても、細かな見直しをすることでより最適に稼働させる開発が進んでいる。

2ステージターボは排ガスの圧力が高いディーゼルエンジン向きのシステムだが、これをガソリンエンジン向けに改良して実用化を目指しているのが三菱重工業である。

二つのうち一つのタービンは動力に排ガスを使わず、モーター駆動とすることで低回転域の過給圧の立ち上がりの遅れを防ぐ。排ガスの圧力が十分に高まったらモーターを止めて、排ガスの力で過給する（**図11、12**）。

三菱重工の取り組みは、発進時にオルタネーター兼モーターで駆動力を支援するマイルドハイブリッドに目的は似ている。常時電動タービンを使うと消費電力の点で課題が残るが、過給立ち上がりの部分的な利用であればそれもクリアできる。

ダウンサイジングエンジンと同様、ターボチャージャー自体も小型軽量化が進められている。補機類としてエンジン全体の軽量化に貢献するためと、ターボ自体の効率向上のためだ。高出力ではなく、省燃費を目的にした小径ターボのトレンドはこれからも進む方向にある。すでに30万rpmを可能にした小径タービンも開発されている。

排気マニホールドとターボチャージャーを一体とする構造も増えている。従来は排気

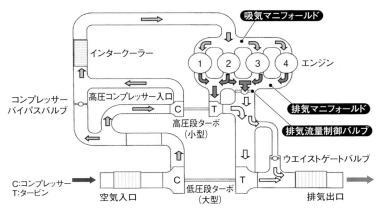

図11 可変式2ステージタービンのシステム（三菱重工）
三菱重工が提案する可変式2ステージタービン。低回転域では主に高圧ターボが作動し、中回転域は高圧と低圧の両ターボが作動する。高回転域は排気流量制御バルブを開いて直接低圧ターボを回して、小型の高圧ターボの過回転を防ぐとともに、吸気側もバイパスバルブを開いて大型の低圧ターボで十分に過給した空気をエンジンに送り込む。

図12 2ステージタービンの電動タービン
三菱重工が開発中の電動タービン。2ステージタービンの低圧側に組み込むことで過給初期の応答の遅れを改善する。排ガスが増えたら電動タービンの動作を停止する。IHIはセンターハウジングに電動モーターを組み込んだ同様のシステムを開発している。

マニホールドとターボチャージャーをボルトで締結していたが、専用設計のカートリッジを開発するとともに、タービンハウジングを排気マニホールドと一体構造とすることで軽量化と排気効率の向上、さらにはコストダウンも狙えるのである。

ターボの問題である冷間時に排気温度が低下し、排ガス浄化性を低下させてしまう点についても、ウエイストゲートを動かすアクチュエーターを電動化して、始動直後はタービンを迂回させることで触媒を暖めることを可能にしているエンジンも登場している。

6　可変バルブタイミング機構

エンジンの吸排気バルブ
開閉タイミングを制御

クルマの基本動作である「走る」「曲がる」「止まる」。最近では電動制御が進み、効率良く機構を動かせるようになった。本連載講座では基礎的なメカニズムについて毎回テーマごとに解説する。初回はエンジンの環境性能を決める可変バルブタイミング機構だ。

　自動車メーカーや部品メーカーは、あらゆる方向からクルマの環境性能の効率向上に努めている。特にエンジンは、損失削減やノッキング回避による熱効率の向上が目覚ましい。そのエンジンの燃焼を制御する基幹技術となるのが「可変バルブタイミング機構」である（**図1**）。
　自動車で使われる4サイクルエンジンは、シリンダー内をピストンが2往復する間に

図1　可変バルブタイミング機構を搭載したエンジン
ドイツDaimler社の可変バルブタイミング機構。

吸気、圧縮、爆発、排気という4行程を行っている。この4行程の動作を支えているのが、吸排気のバルブ駆動システムだ。実際には吸気行程に入ってピストンが下降して負圧が発生する前に吸気バルブを開いておく必要があるし、吸気行程が終わってピストンが上昇し始めて圧縮行程に入っても、慣性によって実際の吸気は続いている。同様に排気側においても膨張行程が終わる前に排気バルブを開け、吸気行程に入ってから閉じるようになっている。

　吸排気の効率の良いタイミングはエンジンの回転数によって変わってくる。高回転になるほど吸気行程の時間が短くなるため、その前後となる排気行程や圧縮行程でバルブが開いている時間を長くすると充てん効率が高まるのだ。そのため従来は実用性重視の低回転型エンジン用のカムシャフトと高回転高出力型エンジンのカムシャフトでは、その作用角などに違いを与えることで最適化していた（**図2**）。しかし1980年代に入り、

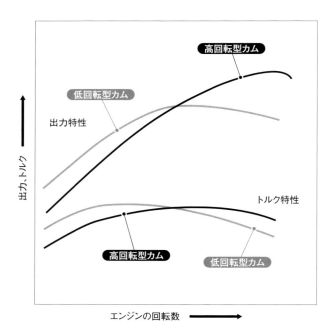

図2 カムシャフトの違いによるエンジン特性
低回転型カムと高回転型カムで出力やトルク特性は異なる。両者でカムの作用角やバルブオーバーラップなどが変わるためだ。可変バルブタイミング機構を用いれば二つのカムの特性を利用できるようになる。

クルマの装備が充実化していくとともに、エンジンの高性能化と実用性を両立させるためにカムシャフトの特性を可変させる機構が考え出されるようになる。

実際にはカムシャフトの作用角を変化させることは難しい（ホンダのVTECやドイツPorsche社のVarioCam Plusなどカムを切り替える構造であれば可能）ので、吸気バルブと排気バルブがともに開いている状態であるバルブオーバーラップを調整することで充てん効率を変化させることが考えられた。それが可変バルブタイミング機構が作り出された背景である。

四つの方式に分かれる

可変バルブタイミング機構は図1で示したように、主にカムシャフトとカムスプロケットの位相を変えることで実現している。その実現方式はカムの位相を変えるカム位相型、複数のカムを切り替えるカム切り替え型、カムのプロフィールを連続的に油圧で変える油圧駆動バルブ型、バルブリフトとともにタイミングも変える揺動カム型に分かれる（**表**）。

さらに吸気側カムシャフトのみを可変式としていたものから、排気側カムシャフトにも可変機構を搭載することで、吸気バルブの閉じるタイミングを優先しながらバルブオーバーラップを調整することが可能になった。

表 主な可変バルブタイミング機構

可変バルブタイミング機構の種類	特徴とメリット	デメリット
カム位相型 トヨタ「VVT-i」、 BMW「VANOS」など	無段階式は過渡特性が柔軟にできる、アトキンソンサイクルへの利用も可能、可変バルブリフト機構と組み合わせても使える	作用角が変わらないので、バルブが開いている時間も変わらない。開くタイミングを遅くすると閉じるタイミングも遅くなる
カム切り替え型 ホンダ「VTEC」、 Porsche社「VarioCam Plus」、 Audi社「AVS」など	高回転域と低回転域、それぞれの回転数帯に最適化したバルブタイミングと作動角、リフト量を実現	切り替え式のため、中間域にトルクの谷など過渡特性に問題が起こることも。現実にはカム位相型と併用も多い
油圧駆動バルブ型 Fiat社「MultiAir」など	カムのプロフィール範囲内でバルブ駆動の自由度が高く、リフト量も変化させることが可能	多気筒エンジンでは油圧系統が複雑になりコスト高になる
揺動カム型 三菱自動車「SOHC版MIVEC」など	可変バルブリフトを目的にしているが、副次的にバルブタイミングも変化する	バルブタイミングだけを変えることはできない。バルブ駆動の慣性質量が増えるため、高回転域での追従性に支障が出る

位相を変える駆動方法についても油圧機械式や油圧式のほか、最近はステッピングモーターを用いた電動式が登場している。油圧式に比べ冷間時から安定した性能を発揮できるだけでなく、位相角が大きい、位相をより正確に制御できるなどのメリットがある。電動式は、これから普及してエンジンの効率を一層高めることに貢献するデバイスといえるだろう。

　可変バルブタイミング機構は当初、エンジンのトルク特性をより理想的なものに近づけるために導入されたが、最近では燃費をはじめとした他の性能を高めるためにも使われている。例えばエンジン回転数や負荷によりバルブオーバーラップを調整することで、空気の充てん効率を高めることが燃費向上にもつながる（**図3、4**）。

　さらに吸気バルブを極端に遅く閉じることにより、シリンダー容積よりも少ない混合気を圧縮、燃焼し大きな膨張率を得る「アトキンソンサイクル」の実現にも役立つ。

　さらに排気ガスの浄化を促進するためにも同機構は利用されている。冷間時には燃焼を安定させるためにオーバーラップを減らし、排ガスが吸気ポートへふき返す量を抑えたり、燃焼ガスをあえて燃焼室内に残留させて、内部EGR（排ガス再循環）として燃焼室を適切な温度まで暖めることにも利用している。

　また、吸入空気量を制御するスロットルバルブが引き起こす、ポンピングロスを低減するために吸気バルブを閉じるタイミングを遅らせて（あるいは吸入下死点より手前のタイミングで）、スロットルバルブの開度を大きく取ったまま出力を調整するエンジン

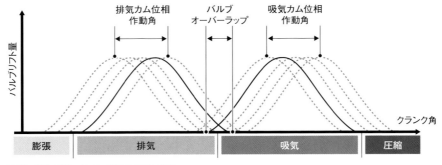

図3 バルブタイミングを可変にする
吸気バルブのタイミングを進角させることで、高回転時の充てん効率を高めるほか、内部EGR（排ガス再循環）を利用する。遅角させると、圧縮行程に入ってもバルブが開いている状態になり、スロットルバルブのポンピングロスを抑えながら出力を調整できるようになる。

(a) バルブオーバーラップ量が正の状態

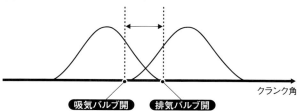

(b) バルブオーバーラップ量が「0」の状態

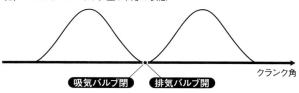

(c) バルブオーバーラップ量が負の状態

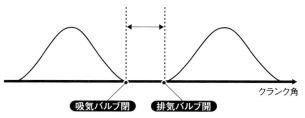

図4 バルブオーバーラップの変化

(a) 吸気バルブと排気バルブともに開いている状態。エンジン回転数に応じて充てん効率を高めることを目的に吸気バルブを早く開けるため、通常オーバーラップは設定されている。吸気行程に入っても燃焼ガスは排出されるため、排気を促す目的でも用いられる。内部EGRのために吸気バルブを早めに開けてオーバーラップを大きくしている場合もある。排気行程で吸気バルブを開いておく方法と、吸気行程で排気バルブを開いておく方法がある。(b) 排気バルブが閉じてから吸気バルブを開いている状態。エンジン始動直後に燃焼室を暖めることを目的に内部EGRとして利用するために排気バルブを早めに閉じた場合、この状態を利用することがある。(c) 通常のエンジンではほとんど使われることのない状態。内部EGRとして早く排気バルブを閉じて、燃焼室内の残留ガスを上死点まで圧縮して温度を上げてから、吸気バルブを開けて吸気ポートに取り込むために行われることもある。これにより吸気ポート内の壁面に付着している燃料の霧化を促進する効果がある。

もある。

　排気バルブを早めに閉じて、残留ガスを内部EGRとして利用することで、やはりスロットルバルブの開度を大きくしてポンピングロスを低減する場合も多い。

　ドライバーがアクセルを踏んで加速要求を出したとき、エンジンECU（電子制御ユニット）はスロットルバルブを開くだけでなく、トルク重視のバルブタイミングに瞬時に切り替えている。これにより力強い加速を実現するだけでなく、最近では状況に応じて電子制御スロットルと協調してトルクの急激な立ち上がりを抑えてスムーズな走りを実現するケースもある。

カムの位相で直接タイミングを変える

　カムスプロケットとカムシャフトの位相をずらすカム位相型は、現在最も普及している可変バルブタイミング機構（**図5**）。メーカー間で、油圧の使い方や位相のメカニズム・制御に関する違いはあるものの、作動メカニズムに大きな違いはない。カムの位相が直接バルブタイミングを変化させるというシンプルなメカニズムであるため、その他の制御系と組み合わせやすいという利点もある。

　アイドリング時や軽負荷時、高負荷時と様々な要件でバルブオーバーラップを変化させるが、実際にはトルク特性や燃費、ノッキングの改善には、点火時期や燃料噴射のタイミング、スロットルバルブ開度やEGRの制御などを組み合わせて実現している。

　吸気側カムのみの可変制御だけでなく排気側カムも可変制御とすることも多く、トルク特性の改善に加えて様々な目的に利用されているため、カムの位相角も拡大する傾向

図5 可変バルブタイミング機構の構成部品
スプロケットのほか、ソレノイドバルブなどの制御機構によって構成される。

図6 ベーン式(油圧式)可変バルブタイミング機構の作動図
ベーン式と呼ばれる油圧式可変バルブタイミング機構は、進角側と遅角側の油圧室にかかる油圧を切り替えることにより位相を切り替える。油圧の高さにより位相角も変化する。またアイドリングの安定性を高めたり、冷間時の動作の安定性を高めるために中間位置にロックピンを設けている場合が多い。

にある。

　カムスプロケットとカムシャフトの位相を変える方法はいくつかの種類がある。日産自動車はヘリカルギアを利用した構造を採用しており、ギアの駆動には油圧を使うタイプ、電磁クラッチを使うタイプの2種類がある。

　最も普及しているのは直接油圧で作動させるベーン式であるが、進角あるいは遅角に油圧を利用するタイプでは、油圧によってずらす角度に違いが生じてしまう(**図6**)。そのため標準位置となる中間点に固定用のピンを採用している構造も多い。

　最近では強力なステッピングモーターにより素早い作動を実現し、また広い位相角度を実現する電動式の可変バルブタイミング機構も実用化されている。電動化に伴い、カムスプロケットユニットは大きく重くなるが、実効油圧が十分でない冷間時にも確実な作動が望める上、油圧による駆動損失や油圧の変化による作動の不安定要素を取り除ける。加えて細かく正確な位相を実現できるというメリットも大きい。

　マツダの「SKYACTIV-G」は、可変バルブタイミング機構を最大限に活用しているエンジンの代表例だ(**図7**)。同社が1990年代から熟成してきたミラーサイクルと高圧縮エンジンを融合させて、環境性能に優れた高性能ガソリンエンジンを実現させた背景には、直噴の燃料噴射と点火時期による燃焼制御に加えて、可変バルブタイミング機構の積極的な活用がある。

　トヨタ自動車が2014年4月に発表した新型エンジンについても、基本的な目的と機

図7 マツダの「SKYACTIV-G」
吸気側カムシャフトの作用角を260度以上と大きく取り、さらに作動角の大きい電動可変バルブタイミングと組み合わせることで、スポーツエンジン並みの出力特性とアトキンソンサイクル（同社はミラーサイクルと呼ぶ）による省燃費運転を両立している。

構はSKYACTIV-Gと同じものだ。

ホンダは回転数でカムを切り替え

　ホンダのVTECは、可変バルブタイミング機構の草分け的存在である（**図8**）。その歴史は1980年代半ばに実用化した、スイングアーム式ロッカーアームの連結状態を切り替えることにより、吸気バルブの片側を休止させて低速トルクを向上させる機構「REV」に端を発する。そこから働きを逆転させ、4バルブ駆動のまま、回転数や負荷により低回転用と高回転用のカムを切り替えるものとしたのだ。

　性格の異なる2種類のカムを搭載するため、バルブタイミングだけでなく、バルブリフト量、バルブ作動角（カム作用角）も変化させられる。

　ただし現在の可変バルブタイミング機構が実現している一般的な無段階式のきめ細かい制御と異なり、カム自体を切り替えるためトルク特性には変曲点が現れることになり、どちらのカムもある領域の回転数において最適化されたものを組み合わせて全体を

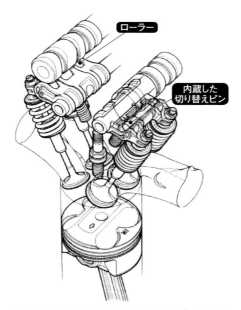

図8 ホンダのカム切り替え式バルブタイミング機構「VTEC」
ロッカーアームに内蔵したピンを油圧で出し入れすることで、ロッカーアームの動きを切り替え、低速側と高速側のカムを使い分ける。バルブのリフトカーブとバルブタイミングが変化する。この機構を利用して4バルブの片側休止や気筒休止などのシステムも生まれた。

カバーすることになる。

　その後、バルブ休止の機構を盛り込んで気筒休止の機能を実現したり、燃焼室内のスワール（横渦）発生に利用するなど様々な機能に進化している。

　しかし吸気バルブの遅閉じなどアトキンソンサイクルの実現には専用のカムを使うと過渡特性に問題があり、冷間時の排ガス制御に利用することも難しい。そのため現在はカム位相型の可変バルブタイミング機構と組み合わせることで、カムの切り替えと位相の2要素によってバルブタイミングとバルブリフトの最適化を図れる「i–VTEC」へと発展した。これにより一層の省燃費と高性能を実現できる可変バルブ駆動システムとなっている。

図9 ドイツPorsche社のカム切り替え式「VarioCam Plus」
直打ちタペット方式ながら、二重構造にして油圧で切り替えることでカムを使い分けることを可能にした。ホンダのカム切り替え式に比べて高回転域での追従性に優れるというメリットがある。

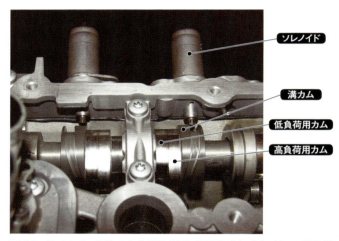

図10 ドイツAudi社のカム切り替え式可変バルブタイミング機構「AVS」
カムシャフトをカムとシャフトに分割して、カム部がスライドする構造とすることにより、カムの切り替えを可能にしている。カムの固定は溝とソレノイドバルブによって駆動するピンによって行う。低速側と高速側それぞれの溝にピンが入ることで切り替わる。この構造を利用し、Volkswagen社は気筒休止も実現している。

　Porsche社「Variocam Plus」やAudi社「AVS」もカムを切り替えるという点で、VTECに近い考え方の可変バルブタイミング・リフト機構といえる（**図9、10**）。

Fiat社は油圧を介してバルブを開閉

　世界で初めて可変バルブタイミング機構を実用化させたのは、イタリアFiat社の子会社であるイタリアAlfa Romeo社だった。それから30年ほどたった現在、Fiat社とAlfa Romeo社が搭載している可変バルブタイミング機構「MultiAir」はユニークなものだ。

　MultiAirは、Fiat社とドイツSchaefflerグループが共同開発した油圧駆動のバルブシステム（**図11**）。仕組みとしては一般的なカムシャフトをもち、排気側バルブは直押し式の一般的な駆動方式ながら、吸気側はカムシャフトが油圧ポンプを駆動することによりカムの動きを油圧に変えて吸気バルブへと伝える。

　吸気バルブの前にソレノイドを設けることで油圧を制御してバルブを押す。カムのプロフィール（カムの断面形状）通りにバルブを駆動させるのはもちろん、ソレノイドで油圧を抜くことによりリフト量や作動角を自在に変化させることができる。

　カムによって作られた油圧はそのままバルブを押す力に利用されるだけでなく、バルブ駆動から排出された油圧はアキュムレーター（蓄圧室）に一時的に蓄えておく。

図11　イタリアFiat社が採用する油圧式バルブ駆動システム「MultiAir」
主な構成部品は、カムプロフィールを油圧に変換するポンプと、それを受け取り制御するソレノイドバルブ、バルブを押し下げるプランジャー、油圧を溜めておくアキュムレーター。摩擦損失を抑えるほか、レバー比の自由度を高めるためにローラーフォロワーが採用されている。

カムのプロフィールの範囲内ではあるものの1回の吸気行程で一度バルブを閉じてから小さく開けて燃焼室内の混合気の流れを整えたり、強いスワールやタンブル（縦渦）などを起こすことも可能だ。実際、「Fiat500TwinAir」では一定の条件下で、バルブの2度開けを実施している領域もあると開発エンジニアが証言している。

　カムのプロフィールとロッカーアーム、ソレノイドの制御を組み合わせることにより、バルブタイミングやリフト量、リフトのプロフィールまで変えられる自由度の高さは、他のバルブ駆動システム、可変バルブシステムにはない利点といえるだろう。

　しかもこれらはすべて直線的につながっているため、駆動ロスや摩擦損失、バックラッシュやクリアランスによる作動の精度への影響も少ない。今後のカムレス駆動にもつながる技術として、今後の発展に注目したいシステムである。

三菱自は1機構でリフト量も可変に

　三菱自動車の「SOHC版MIVEC」はホンダのVTECとともに、可変バルブタイミング機構において独自性の高いメカニズムといえる（**図12**）。

　吸気バルブのロッカーアームを支持する制御シャフトに、カムの動きを伝えるセンタ

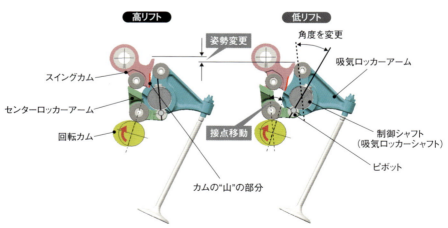

図12　三菱自動車の可変バルブリフト＆可変タイミング機構「SOHC版MIVEC」のリフト量変化の仕組み
制御シャフトの角度が変わることで、シャフトに連結されたセンターロッカーアームの位置が変わり、スイングカムに対するレバー比も変わる。スイングカムの角度も変わることでロッカーアームと接するカム面の角度も変化する。このカム面の形状が独特のバルブリフトカーブを作り出す。

ーロッカーアームの先端が連結されており、シャフトが回転することでセンターロッカーアームの角度とレバー比が変わり、それによってスイングカムと呼ばれるロッカーアームを駆動するカムの移動量が変わる。

　これによってリフトを変化できるため、シャフトの角度を細かく制御することにより無段階のリフト可変が可能になる（**図13**）。特徴は、他の可変バルブリフト機構と異なり、バルブリフトの可変を目的としながらもリフト量を変化させてもバルブの開き始めるタイミングがほとんど変わらないことだ。

　一般的に可変バルブリフト機構はバルブの作動角を均等に減らしていくため、リフト量を減らすとバルブが開くタイミングは最大リフトタイミングに近づいていく。そのためDOHCと可変バルブタイミングの併用で吸気バルブの開閉タイミングを調整している。

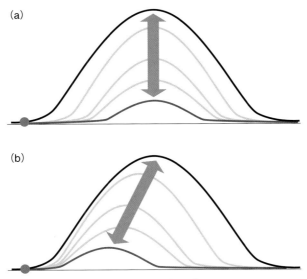

図13 SOHC版MIVECのリフトカーブ
（a）通常の可変バルブリフト機構によるリフトカーブ。ピークの位置は変わらないので、リフト量を減らすと開くタイミングも閉じるタイミングも変わってくる。（b）MIVECはリフト量を変化させるとカーブのピークが進角し、閉じるタイミングが早まっていく。実際にはどちらも可変バルブタイミング機構と組み合わせることで、より効率の良いバルブ駆動を実現している。

三菱自動車はスイングカムのプロフィールを使い分けることで、バルブの開き始めをそろえている。この結果、エンジンが空気を吸い込む力を、どの負荷条件でも効率よく利用できるため、可変バルブタイミング機構を併用することなく、効率の良い運転が可能になる。

　実際のSOHC版MIVECはカムスプロケットに位相機構を設けて可変バルブタイミング機構も搭載する。負荷に応じて吸気バルブのタイミングを最適化してポンピングロスを減らす。

　現時点ではコストと省燃費のバランスを取ってSOHCだが、今後はDOHC化や実質的なスロットル・バルブ・レスも想定できるメカニズムである。

7 可変バルブリフト機構

ポンピングロスと
吸排気効率を自在に操る

先に解説した「可変バルブタイミング機構」は、ガソリンエンジンの効率を向上させる部品として普及しつつある。今後、さらに緻密に吸排気を制御していくためには、エンジンバルブのリフト量さえも可変制御させていくことが大切だ。

　吸排気効率をエンジン回転数の全域で高めるために、最近のエンジンには可変バルブタイミング機構が搭載されている。だが可変バルブタイミング機構は、バルブを開いている時間を変えることはできない。

　今回紹介する「可変バルブリフト機構」は、最大リフト量を変えることでバルブの開いている時間を調整できるものだ。単独の機構としても効果が望める装置だが、可変バルブタイミング機構の搭載が一般的になりつつある中で、さらに効率を高めるために採用されることが多い。可変バルブタイミング機構と組み合わせることで、より効果を発揮できる機構であるとも言える。

　可変バルブリフト機構を用いると、エンジンの出力要求に合わせて吸気バルブの開く量を変えることができ、低燃費と高出力を両立しやすくなる。燃焼室内に入る混合気の量や流入流速などを調整できるようになるためだ。

可変バルブリフト機構の基本動作

　ガソリンエンジンは、吸気量に合わせて燃料を噴射することで出力を調整している。「燃料だけを減らすことで出力を抑えれば良いのでは」、と思うかもしれない。だが、空燃比（燃料に対する空気の質量の割合）を上げると燃焼温度が上昇する。最悪の場合は燃焼室内が過熱し、ピストンや点火プラグが溶けてエンジンが壊れてしまう。

　そのため、エンジンにはインテークマニホールドの手前にスロットルバルブを設けて

おり、空気の流量を調整している。これによって出力を制御しているのだが、スロットルバルブで空気の流れを絞ると吸気管内には負圧が発生する。負圧はブレーキの倍力装置や吸気量の推定、EGR（排ガス再循環）の導入などに利用されてもいるが、エンジンが空気を吸い込む際の抵抗（ポンピングロス）にもなる。

　負圧は吸気バルブが開いてピストンが下降することによって生じているが、スロットルバルブで絞り込まれることでさらに高まる。しかしスロットルバルブ通過後は再びインテークマニホールドの容量に応じた負圧に落ち着くため、スロットルバルブ部分の負圧の高まりは抵抗である割合が大きい。

　一方、吸気バルブによって生じる負圧は、燃焼室の充填効率を左右する要素でもある。低回転域にはリフト量を減らすことで流速を高めて慣性過給効果を高めることができる。一方、高回転高負荷時には燃焼室容積とバルブ径から最大の効率となるリフト量を与えることで高出力化を図る。

　さらに、低負荷時にもリフト量を減らすことで吸気量を制限できれば、スロットルバルブによる吸気の絞り込みを減らせるので、ポンピングロス改善につながる。

　可変バルブリフト機構はその構造と目的から（1）連続可変型、（2）カム山切り替え型、（3）油圧制御型――の3種類に大別できる（**表**）。

　（1）連続可変型は、ロッカーアームの支点を変化させるリンク機構を設けるもの。ステッピングモーターでリンクを制御し、バルブリフト量を緻密に制御する。（2）カム山切り替え型は、ロッカーアームやバルブリフターに切り替え機構を設けるもの。低負荷用と高負荷用など2種類のカムを切り替えてバルブリフト量を変化させる。（3）油圧制御型は、排気側のバルブは従来通りカムシャフトで直接駆動するが、吸気側はカム山がポンプを押して発生させた油圧でバルブを駆動するものだ。

緻密にバルブリフト量を操る

　連続可変型は、文字通りリフト量を状況に応じて小刻みに変化させられるもの。カム山形状の影響は受けるものの、吸気量を細かく制御できる特徴がある。このため、実質的にスロットルバルブの代替システムとして利用可能だ。ドイツBMW社の「Valvetronic」や日産自動車の「VVEL（Variable Valve Event & Lift）」、トヨタ自動車の「バルブマチック」、三菱自動車のSOHC型「MIVEC（Mitsubishi Innovative Valve

表 可変バルブリフト機構の分類

可変バルブリフト機構の種類	連続可変型	カム山切り替え型	油圧制御型
構造上の特徴	ロッカーアームの支点を変化させるリンク機構を設け、ステッピングモーターでリンクを制御することにより、バルブリフト量を緻密に制御	ロッカーアームやバルブリフターに切り替え機構を設け、低負荷用と高負荷用など2種類のカムを切り替えてバルブリフト量を変化させる	排気側のバルブは従来通りカムシャフトで直接駆動するが、吸気側はカム山がポンプを押して発生させた油圧でバルブを駆動する
メリット	スロットルバルブによる吸気量の制御が不要となり、ポンピングロスが低減する。低回転域は低リフトによる流速確保で充填効率が向上し、大トルク化も期待できる	高回転にも対応し、高出力型のカムと燃費型のカムの切り替えにより、二つのエンジン特性を実現できる	カムシャフトによる吸気バルブの制御を利用しながら、油圧を逃がすことでリフト量や、バルブ開度の調整ができる
デメリット	複雑な構造のためコストや質量面で不利	2種類のカム山を切り替えるため、特性の変化が大きい	油圧系が複雑なため、経年劣化によるトラブルの可能性はある。油圧を減圧方向しか制御できないので、カム山の後半は実際には利用できない
主な採用例	VVEL（日産） Valvetronic（BMW社） SOHC型MIVEC（三菱） バルブマチック（トヨタ）	VTEC（ホンダ） VarioCam Plus（Porsche社） AVS（Audi社） i-AVLS（富士重工）	MultiAir（FCA社／Alfa Romeo社）

timing Electronic Control system)」などが代表例である（**図1、2**）。

　特許の関係からメーカーごとに仕組みは異なるものの、いずれもカム山の動きをバルブに伝えるロッカーアームにリンク機構を設け、ロッカーアームの実質的なレバー比を微調整することでバルブのリフト量を変化させるという考え方は共通している。

　一般的な連続可変型の可変バルブリフト機構は、カムプロフィールのカーブのままバルブ開度が前後均等に増減する。独特なのが三菱自動車のSOHC型MIVEC。センターロッカーアームがカム山に対して前後して動くことから、リフト量に応じて開度だけでなく、リフトのピークも前後する。このため、バルブリフト量を減らしていくと、吸気バルブが早く閉じる方向にピークが変化する。

　スロットルバルブによるポンピングロスを解消できるため、インテークマニホールド内の圧力を高く維持できる。このため、燃費改善だけでなく、エンジンの出力向上や運転者の加速要求に対する応答性の向上なども望める。

　ただし、BMW社のシステムを除いて、自動車メーカー各社はスロットルバルブを残している。軽負荷時のEGR利用と、可変バルブリフト機構のバックアップのためにス

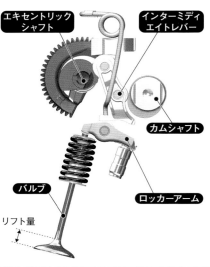

図1 連続可変型の例（BMW社の「Valvetronic」）

カム山による駆動力は、インターミディエイトレバーを横に押す。レバー下端が弧を描いていることから、ロッカーアームを下に押し下げる力となることでバルブを開く。ウオームギアがエキセントリックシャフトを回すとインターミディエイトレバーの角度が変化し、レバー下端とロッカーアームの接触位置や角度が変わる。

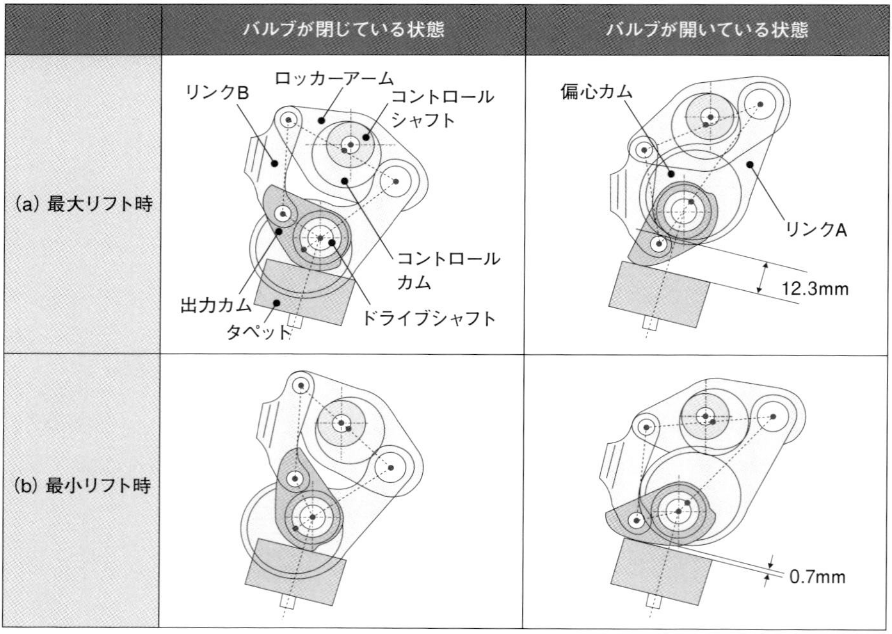

	バルブが閉じている状態	バルブが開いている状態
(a) 最大リフト時	リンクB、ロッカーアーム、コントロールシャフト、コントロールカム、出力カム、タペット、ドライブシャフト	偏心カム、リンクA、12.3mm
(b) 最小リフト時		0.7mm

図2 連続可変型の例（日産の「VVEL」）

ロッカーアームの支点には偏心するコントロールシャフトがあり、モーターとボールねじによりシャフトを回転させるとロッカーアームの角度が変わり、リンクBによって出力カムの角度も変化することでバルブリフト量を制御している。

ロットルバルブを設けているのが一般的だ。完全にスロットルバルブを無くしてしまうとインテークマニホールド内の負圧がなくなってしまう。スロットルバルブを用いて、EGRのための負圧を発生させている。

可変バルブリフト機構の採用によって、インテークマニホールド内の負圧を利用していたブレーキの倍力装置は利用できなくなる。このため、従来はエンジン駆動、あるいは電動によるバキュームポンプによって負圧を発生させていた。最近は、電動油圧ポンプを内蔵した電子制御ブレーキシステムの普及により、こうした負圧ポンプを必要としなくなってきた。

カム山切り替えでリフト量変更

カム山を切り替えて使うタイプの可変バルブタイミング機構では、バルブタイミングの変更に合わせてリフト量も変えたカム形状を備える。例えば、「出力追求型カム」と「燃費追求型カム」を切り替え、これに伴ってバルブリフト量も変化する。この場合、リフト量は2段階に限定されるためスロットルバルブの代替え手段とはならない。それでも、エンジンの負荷状態や回転数によりリフト量を切り替えることは吸気効率を高めるためには有効な手段である。

こうしたカム山切り替え型の可変バルブリフト機構には、ホンダの「VTEC」やドイツPorsche社の「VarioCam Plus」、同Audi社の「AVS」、富士重工業の「i-AVLS」などがある。VarioCam Plusとi-AVLSはドイツSchaeffler社の「スイッチングタペット」を利用したもので、機構は同じ。

ホンダのVTECは性格の異なる2種類のカムを搭載する可変バルブタイミング機構である（**図3**）。それを進化させたのが「i-VTEC」で、「低回転用カム」と「高回転用カム」の切り替えに、カムスプロケット位相による可変バルブタイミング機構を追加したもの。低負荷時と高負荷時のカムプロフィールの切り替えとバルブタイミングを最適化する。これにより、運転状態に応じてバルブのリフト量と開度を適切に調整できるようにしている。

Porsche社のVarioCam Plusは、カム山切り替えに加えて、カムスプロケット位相による可変バルブタイミング機構を組み合わせている（**図4**）。タペットを二重構造として、油圧によりピンを出し入れすることで外側のタペットを固定とフリーに切り替える。

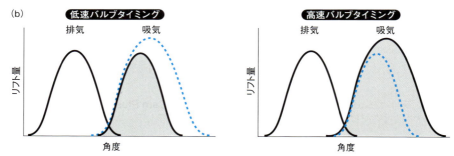

図3 ホンダ「VTEC」によるカム山切り替えの効果
(a) 低回転用と高回転用のロッカーアームの間には油圧で作動するピンがあり、ピンの抜き差しによってカムの作動を切り替える。(b) 低回転用カムは慣性過給が小さいので、吸気バルブが開いている時間が短く、リフト量は少なめだ。高回転用カムはバルブ開度が前後に大きくリフト量も大きい。

油圧変換でバルブを駆動

　可変バルブリフト機構の中でユニークな機構を備えているのが油圧制御型だ。カム山の動きを油圧に変換してバルブを駆動するシステムである。欧米FCA社やその子会社である同Alfa Romeo社が搭載している「MultiAir」が代表例だ。同機構を開発・供給するSchaeffler社は「UniAir」と呼ぶ。

　MultiAirは、SOHCながら、カム山が油圧ポンプを押して発生させた油圧により吸気バルブを駆動する構造を採る（**図5**）。具体的には、プランジャーとポンプの間には油圧を逃がすためのソレノイドバルブを設けた。カム山をトレースする油圧を制御するこ

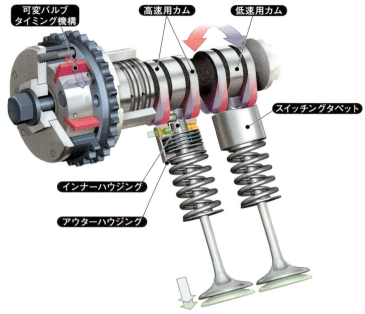

図4 カム山切り替え型の例（Porsche社の「VarioCam Plus」）
Schaeffler社が提供するスイッチングタペットを組み込むことで、カム山の切り替えを実現している。

とで、リフト量とバルブ開度を調整できる。

　油圧の発生はカム山の形状に依存するものの、1回の吸気工程で2回バルブを開閉させるような、通常のカム駆動では不可能な複雑な動きも実現できる。実際、MultiAirは四つの動作モードをエンジンの負荷状態に応じて使い分けている（**図6**）。ただし、MultiAirは制御の自由度は高いものの、他の可変バルブリフト機構と比べると複雑で、コストが上昇することは否めない。

　この他、市販車にはまだ搭載されていないが研究が続けられているものもある。例えば、バルブ駆動システムとして、電磁弁を用いたカムレスバルブ駆動システムがある。これはリフト量やバルブの開度、タイミングなど多くの要素で自由度が高い。ただし、コストや質量面でまだ課題は残されており、燃費の改善効果との天秤にかけられながら実用化を検討しているところだ。

図5 油圧制御型の例（FCA社の「MultiAir」）
排気バルブはカム山が直接駆動し、吸気バルブ側はカムがロッカーアームを介して油圧ポンプを押し、発生した油圧がプランジャーを押してバルブを駆動する。

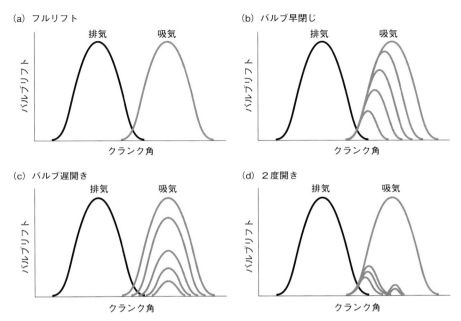

図6 MultiAirによるバルブリフト制御のモード
エンジンの負荷状態に応じて(a)〜(d)の四つのモードを使い分ける。フルリフトはカム山そのままに油圧をバルブに伝えた場合。早閉じはアトキンソンサイクルを実現できる。リフト量を減らすことで開度も変化するが、リフト量のカーブはカム山に準じる。前半にピークをスライドさせたり、一度閉じてカム山のピーク付近でもう一度開けて脈動を利用したりするような使い方もできる。

8　EGR（排ガス再循環）

排ガスで燃焼温度を下げて
NO_X抑制や燃費改善を実現

エンジン燃焼後の排ガスを再利用する手段に期待が集まっている。EGR（Exhaust Gas Recirculation、排ガス再循環）は、排ガスの一部を取り出して再度吸気させる技術だ。排ガス規制への対応や燃費改善などに欠かせない存在になりつつある。

　エンジンは空気と燃料を吸気バルブを用いて燃焼室内に吸い込み、燃焼させて駆動力を得た後に排気バルブから排ガスを放出する。一度燃焼させた排ガスは、窒素酸化物（NO_X）や炭化水素（HC）などの有害物質を含んでいるだけでなく、圧力や熱といったエネルギーを持っている。

　このうち、排ガスの圧力を利用してポンプを回し、エンジンに強制的に空気（新気）を送り込む過給器が、本連載の第2回（2014年9月号）で解説した「ターボチャージャー」だ。これに対し、排ガスそのものを再び燃焼室に取り込んで再利用するのがEGRである。

　EGRシステムでは、燃焼済みの不活性ガス（厳密に言えば排ガス中には酸素や一酸化炭素などが含まれる）を空気の代わりに燃焼室に投入する。すると、混合気（燃料と空気）の酸素濃度が低くなって燃焼温度が下がる。燃料の噴射量を抑えても燃焼温度が上昇しにくいことから、エンジンを故障から守りつつ燃費を改善できる。

　EGRを最初に使い始めた目的は、ガソリンエンジンの排ガス対策であった（**図1**）。エンジンの燃焼効率を高めていくと、燃費や出力は向上するが排ガス中のNO_Xが増加してしまう。そのため、あえて効率を落とすためにEGRを利用することが考え出されたのである。NO_Xは、燃焼温度が高いほど発生しやすい。EGRによって排ガスを取り込むことで燃焼温度を下げ、排ガス中のNO_Xを抑える。

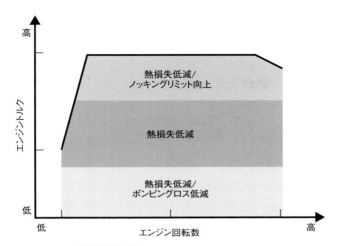

図1 EGRの燃費改善効果
EGRの導入によって得られる効果を示した。熱損失低減やノッキングリミット向上、ポンピングロス低減などによってトルクが向上し、結果として燃費が改善する。実際には高回転高負荷になるほどポンピングロスは減少していくという見方もあり、メーカーによって若干比率や効果の判断は異なると思われる。

同様の利用法はディーゼルエンジンでも導入されている。ディーゼルエンジンの場合、ガソリンエンジンよりも圧縮比が高いため、燃焼効率を高めて燃焼温度を上げていくと排ガス中のNO_Xが増えてしまう。一方、燃焼温度を落とすために燃料を多く噴射させると、燃費が悪化するだけでなく、排ガス中の粒子状物質（PM）が増えてしまう問題も生じる。このNO_XとPMのトレードオフの関係を改善する手段としてEGRが使われている。

スロットルボディーのないディーゼルエンジンは新気の吸入量を制御できないため、EGRを利用して新気を減らすことで燃焼温度を抑えている。ガソリンエンジンではスロットルバルブによる吸気抵抗、すなわちポンピングロスを低減するため、軽負荷時にはEGRを積極的に導入してバルブ開度を広げることにも役立つ。

EGRのメリットと問題点

EGRは、構造面の違いで2種類に分けられる。燃焼室部分だけで排ガスを循環利用する「内部EGR」と、排気管から取り出して吸気管へと排ガスを戻す「外部EGR」だ

表 内部EGRと外部EGRの比較

EGRの種類	内部EGR	外部EGR
構造や仕組み	可変バルブタイミング機構により排気バルブが閉じるタイミングを遅らせることで、排ガスを再び燃焼室内へと戻す	排気系から配管を伸ばし、排ガスを取り出して吸気マニホールドへと導く。クールドEGRは、EGRクーラーによって排ガスを冷却してから吸気管へと取り込む
メリット	専用の機構を必要とせず排ガスを再循環させることにより、新気の吸入を減らし、ポンピングロスの低減、燃費改善を図ることが可能。冷間時には燃焼温度を上昇させて、安定した燃焼状態を実現できる	EGRクーラーにより排ガス温度を下げることで、より多くの排ガスを燃焼室に再循環させることができる。これにより、幅広い領域でポンピングロスを低減、燃費改善を図ることが可能
デメリット	温間時には残留ガスとして燃焼温度を上昇させる原因となることから、一定以上の割合にEGRを利用できない	クールドEGRは部品コストなどがかかる。長年の使用によりEGRバルブなどに黒煙成分（PM）が堆積し、作動不良などを起こすこともある

（**表**）。

　内部EGRは、燃焼室周辺だけで完結するシステムである。そもそも燃焼室内には残留ガスとして排ガスが一部残る。純粋にエンジンの燃焼効率を考えると、残留ガスは限りなく少ない方が望ましい。だが、状況により残留ガスを利用した方が燃費面などで有利になる状況も出てくる。

　内部EGRは、本連載の第1回（2014年7月号）の「可変バルブタイミング機構」を利用して実現する（**図2**）。排気バルブを閉じるタイミングを遅らせて再び排ガスを燃焼室に逆流させることで燃焼室を暖めたり、スロットルバルブを大きく開けても新気の導入を減らしたりすることで軽負荷時のポンピングロスを低減させる。電子制御式スロットルバルブの導入により、内部EGRの積極的な利用が可能になった。

　また近年、ディーゼルエンジンの低圧縮化を進められたのは、内部EGRにより冷間時の燃焼性を改善することができたことが大きい。自動車メーカーによっては吸気バルブさえも意図的にオーバーラップさせることで、燃焼室から吸気管内まで排ガスを逆流させて、吸気ポート内壁に付着した燃料の気化を促すために利用することもある。

　こうした吸排気バルブの開閉タイミングの変更は、吸排気の脈動を乱す側面がある。このため、エンジン設計や制御の障害となりうるが、可変バルブタイミング機構の可変領域拡大により、吸排気の効率追求と両立できるようになった。つまり、内部EGRは新たな機構を必要とせず、制御の工夫だけで実現できるためコスト面でのメリットが大きいと言える。

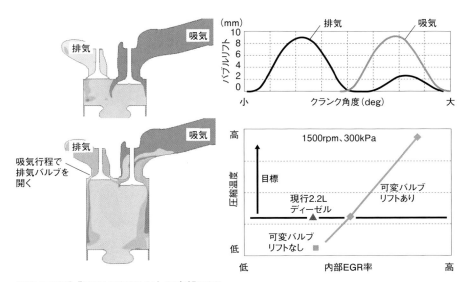

図2 マツダ「SKYACTIV-D」の内部EGR
吸気行程の途中で排気バルブを開き、排ガスを再び燃焼室に取り込む内部EGR。これにより冷間時にも燃焼温度を高めて、安定した燃焼を実現できるため、ディーゼルの低圧縮化を実現できた。

　内部EGRは、冷間時に利用することで排ガスの熱をエンジンの温度上昇を早めるために役立つが、温間時には逆に残留ガスとして燃焼温度を上昇させてしまう原因にもなる。燃焼温度の上昇は、ガソリンエンジンの場合はノッキングや、点火プラグやピストンの溶解などによるエンジンブローという最悪の結果を招く危険もある。ノッキングは、点火タイミングを遅らせれば回避できるが、燃焼エネルギーを駆動力として得るための効率は下がる。

　ディーゼルエンジンでは、温間時にはNO_Xが増大してしまうことから、やはり内部EGRを利用する割合はかなり限られる。

本命のクールEGR

　これに対し、外部EGRは排ガスの温度を下げて取り込むことができる。外部EGRは、一度排出された排ガスを排気系から分岐した配管によって吸気系まで運び、再び燃焼室へと排ガスを送り込む構造になっている。
　具体的には、排気系から取り出すパイピングと吸気マニホールドへの排ガスの流量を

図3 マツダの先代「デミオ」に採用されたクールドEGR
触媒後の排ガスをエンジン冷却水によって冷却し、吸気系へと導くクールドEGR。燃焼温度を下げることで、トルクの低下を抑えた。

調整するEGRバルブ、冷却水と熱交換して排ガスを冷やすEGRクーラーなどから成る（**図3**）。この構造を用いたクールドEGR（コールドEGRとも呼ばれる）は、EGRクーラーという熱交換器を使って温度を下げることにより、燃焼温度の上昇を防いでいる。

EGRバルブを制御するのは、エンジンECU（電子制御ユニット）の役目だ。エンジンECUはアクセル開度やエンジン回転数、水温、変速機の段数、車速などのパラメーターから負荷や出力要求などを判断し、EGRの導入量を決定する。そしてEGRバルブの開度を調整し、PMの付着によるバルブの固着などを検知するために備えられたポジションセンサーがバルブ開度を検出して動きを確認する。

EGRは基本的に、オープンループ制御によって作動している。だが、実際の走行条件に合わせて緻密に制御すべく、フィードバック制御によるクローズドループを採用しているメーカーもある。例えばダイハツは、点火プラグを用いたイオン電流測定で燃焼中の圧力を検知し燃焼を制御しているが、これをEGRの導入量調整にも利用している。

ディーゼルエンジンは本来スロットルバルブを使う必要はない。だが最近では、ターボチャージャーによる過給とEGRの圧力差を調整してEGRの導入量を増やせるように、スロットルバルブを備えたエンジンが増えている。

第1章／エンジン

図4 大型商用車用のディーゼルエンジンに採用されているクールドEGR
いすゞのシステム。大型のEGRクーラーを備え、ターボと排ガスの冷却により圧力が下がっても導入できるように、新気との混合部分にはチャンバー（膨張室）を設けて負圧を利用する工夫を盛り込んでいる。さらにターボの可変ベーンを閉じぎみにすることにより、圧力を高めて大量EGRを実現した。

直噴化でさらに効果的に

　内部EGRと外部EGRを状況に応じて切り替えて使ったり、組み合わせて両方を同時に使ったりするエンジンもある。特に排気量の大きい商用車向けのディーゼルエンジンではEGRを積極的に利用している（図4）。日本のポスト新長期規制などをクリアするにはEGRの大量導入（以下、大量EGR）が欠かせないためだ。内部EGRのために吸気行程の途中で排気バルブを開くような仕組みも登場している。

　実質的には同じ排気量でも新規の導入量が減るため、排気量を減らすことになる。ターボチャージャーが排気量を増大させるシステムとすれば、EGRはその逆のシステムと言える。可変バルブタイミング機構によるアトキンソンサイクルの実現も同様だ。こうなると、仕様で定めた排気量は単なる税法上の判断材料でしかなくなってくる。

　燃料の直噴化によって燃焼室を直接気化熱で冷却できるようになると、EGRの効果はさらに高まる。少ない燃料の潜熱を燃焼室だけで利用できれば、燃焼温度を抑えられるからだ。インテークマニホールドや吸気ポート内の燃料付着による汚れの発生が少な

いことも、EGRの多用には有利だ。

ターボやHCCIとの組み合わせ

ディーゼルエンジンに加え、最近はガソリンエンジンでもターボチャージャーの採用が増えている。ターボチャージャーも排ガスのエネルギーを利用していることから、EGRを増やすことはターボチャージャーへ向けられる排気エネルギーが減少してしまうことにつながる。

こうした相反する条件を解決する手段として導入が進められているのが、「LPL-EGR」である。これは、ターボチャージャーの下流から排気を取り出す経路LPL（Low Pressure Loop）を追加したEGRシステムのこと（図5）。ディーゼルエンジンのEGRシステムでは従来、ターボチャージャーより上流で排ガスを取り出す経路HPL（High Pressure Loop）から、過給後の空気と混ぜて供給していた。LPL-EGRの利用が進むことで吸気系やターボチャージャーの汚れ付着という問題も起こるが、大量EGRとターボへの排気圧確保という相反条件を両立できる。今後、採用事例が増えるシステムだろ

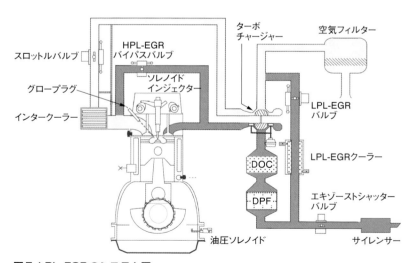

図5 LPL-EGRのシステム図
LPL-EGRは、排ガスをターボチャージャーの下流から取り込み、EGRクーラーで冷却してから燃焼室に送り込むもの。図のシステムでは、HPL-EGRと組み合わせることでEGRを大量導入している。

う。

　これと同様に可変容量ターボの可変ベーンをEGRの圧力調整のために利用しているエンジンもある。内部EGRとクールドEGR、さらにはLPL-EGRと3種類を全て利用し、状況に応じて導入の割合を変更する。

　商用大型車のディーゼルエンジンではEGRの活用がさらに進んでいる。その一例が、排気側のカム形状を工夫し、吸気行程でも排気バルブを開いて排ガスを導入する内部EGRの一種「パルスEGR」である。さらに複雑なのが、日野自動車が開発した「コンバインドEGR」だ（**図6**）。高い負荷時にはパルスEGRを、軽負荷時にはクールドEGRを適用することで冷却水への放熱量増加を抑えながら大量EGRを実現する。

　エンジンの熱効率を高めるために圧縮比を上げていくと、ノッキングの危険性が高まる。これまでは排ガスを混ぜて燃えにくい環境を作るためにもEGRは利用されているが、燃えやすくするためにEGRを利用するアイデアも登場してきた。

　特に注目したいのが「HCCI（予混合圧縮着火）」を採用したエンジンだ。HCCIエンジンは、燃焼室の温度をコントロールするために内部EGRを利用している。これはシ

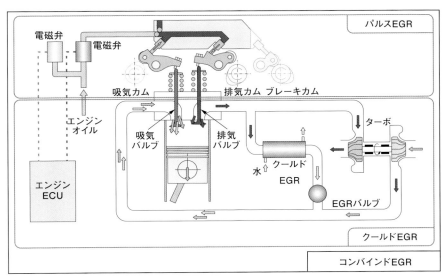

図6　コンバインドEGRを採用したディーゼルエンジンのシステム図
内部EGRを自在に操れる油圧を利用したバルブリフト機構を備えた日野自動車のコンバインドEGR。クールドEGRとの併用により、大量EGRを実現している。

リンダーの排気圧力波を使って燃焼室に排ガスを押し戻すものである。
　以上のように、燃焼室の熱源や不活性ガスとしてのEGRや、ターボチャージャーの駆動力に続く熱回収装置の導入により、排ガスの再利用は今後さらに増えそうだ。

第2章

ハイブリッドシステム

1 新型「プリウス」のハイブリッドシステム

減速機構を遊星歯車から
平行軸歯車に変えて高効率化

累計1000万台の世界販売が視界に入りつつあるトヨタ自動車のハイブリッド車（HEV）。1997年に発売した初代「プリウス」から現行の4代目まで、トヨタはプリウスの世代交代に合わせてHEVシステムを見直してきた。最新のシステムでは、効率向上と低コスト化に磨きをかけた。

　トヨタ自動車は、4代目となる新型「プリウス」を2015年12月に発売した。初代の発売は1997年12月で、開発期間を含めれば、HEVの開発期間は優に20年を超えたことになる（**図1**）。

　トヨタは同社のHEVシステムを「THS（トヨタ・ハイブリッド・システム）」と呼んでおり、その機構は本連載の第7回で詳しく解説した（本誌2015年7月号参照）。基本的なメカニズムは1997年の登場以来大きく変えていないものの、プリウスの全面改良に合わせて最新の技術を投入してきた。

　そこで今回は、改良を続けてきたTHSの変遷に触れつつ、4代目となる現行プリウスのHEVシステムの特徴を紹介していく。

20年続く2モーター式

　改良点を説明する前に、THSが踏襲している基本システムを整理しておく。THSは、発電機である「MG1」とエンジンを"動力分割機構"と呼ぶ遊星歯車機構で結ぶ（**図2**）。エンジンからの出力は動力分割機構に入り、MG1の発電負荷によってリングギアへの出力と回転数が決まる。

　一方、駆動用モーターとなる「MG2」の出力は減速ギアを経て動力分割機構のリングギアに伝わる。リングギアは最終減速ギアを経て左右の駆動輪につながっている。

図1 1997年の初代発売から間もなく20年
世界初の量産ハイブリッド車（HEV）として「プリウス」が発売されたのは1997年12月。2015年12月に市場投入した4代目の最新型まで、ハイブリッドシステムの改良を続けてきた。

　MG1はエンジンによって駆動される発電機であり、スターターモーターとしても機能する。MG2は駆動用モーターとして大きな出力を持つ一方、減速時には発電機として回生充電を行う。モーターによる走行とエンジンのみの走行、ハイブリッド走行、停車中のエンジンによる発電をシームレスに切り替えられる。クラッチを用いることなくモーターの制御だけで実現しているところが独創的と言える。

　2016年5月には世界累計販売台数が900万台を突破したトヨタのHEVだが、その原点である初代プリウスの初期モデルは、結果的に実燃費は小型ガソリン車に比べて大幅に優れた数値とすることはできなかった（**表**）。10・15モード燃費は28.0km/Lだった。その理由は、搭載したモーターやニッケル水素電池の能力が不足気味だったためだ。エンジンの負担も大きく、低燃費を引き出せる領域が狭かった。

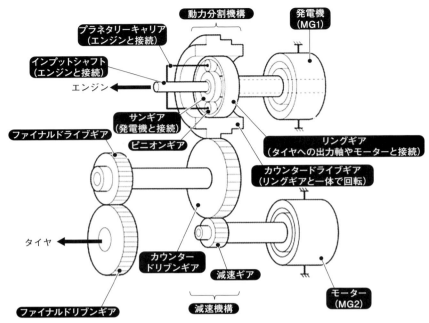

図2 HEVシステムの構成
4代目プリウスの例を示した。発電機（MG1）とモーター（MG2）の他、動力分割機構や減速機構などで構成する。

初代は部分改良でトルク改善

　このため、トヨタは2000年に実施した部分改良で、MG2のトルク特性を改めて全域で出力を高める変更を施した。実際には初期モデルの生産開始前には、既に部分改良に向けた開発がスタートしていたと言われている。

　エンジンも圧縮比を下げて最高回転数を高めると共に可変バルブタイミング機構の制御を改めることで高回転域のトルクを増大させ、大幅に出力を向上させた。これにより高速走行性能を高め、電力消費や高負荷状態での走行性能を改善している。

　ニッケル水素電池に関しては、円筒型セルから角型セルに変更した。電圧は288Vから277Vへと若干下がったものの、容積率で60％削減、質量でも30％もの軽量化を果たした。結果的にHEVシステムでは90％以上の部品が新設計となった。そういった意味では、初代プリウスは前期と後期では全く別のクルマといってもいいほど大幅に手が

表 プリウスのハイブリッドシステムの進化

		初代	2代目	3代目	4代目（現行） HEV仕様	4代目（現行） PHEV仕様
MG2（モーター）の性能	最大トルク	305N·m（前期型） 350N·m（後期型）	400N·m	207N·m	163N·m	
	最高回転数	6000rpm	6400rpm	1万3900rpm	1万7000rpm	
	減速方法	減速機構なし	減速機構なし	遊星歯車機構による減速で駆動トルクを増幅	平行軸歯車による減速でトルクを増幅	
構造、システム上の変更点		2000年の部分改良でエンジンやモーターの出力を向上させ、走行性能を高めた。電池もセルを角型としてスペース効率を高め、容積率で60％減を実現	電池の電圧を277Vから200Vへと下げるも、モーターには最大500Vまで昇圧して供給。これにより電池とPCUをより小型化	エンジンは排気量を1.8Lに拡大して高速走行時の燃費を向上させつつ、クールドEGR採用により熱効率向上。ウォーターポンプを電動化し、補機類は全て電動ベルトレス駆動に	MG2の減速機構を遊星歯車機構から平行軸歯車に変更。MG1とMG2を縦に重ねる構造にした。トランスアクスル用オイルポンプを電動化	エンジンの出力軸にワン・ウエイ・クラッチを組み込み、エンジン停止中にもMG1を駆動モーターとして利用

MG1：発電機、MG2：モーター

加えられたのである。

2代目は電池を昇圧

　初代登場から6年、プリウスは全面改良が実施され2003年9月に2代目へと生まれ変わった。2代目ではHEVシステムを「THS II」と名称を変更し、その進化ぶりをアピールした。基本的な構造は初代のパワートレーンを踏襲しているがモーターの最大トルクを400N·mに上げて電気自動車（EV）モードでの走行性能を高めている。

　一方、パワートレーンとしてはさらに小型軽量化が追求された。電池は電圧を200Vに下げた。ニッケル水素電池である点は初代と同じだが電極材料を変更することでエネルギー密度を高めた。容量は6.5Ahのままセル数を減らし電圧を200Vに下げたことで小型化した。電池管理システム（BMS）は、EVモードでの走行機会を増やすと共に電池寿命も延ばせるように手を入れた。

　200Vのままではモーターの電流値が増えて、モーターを大きくせざるを得ない。そこで、DC-DCコンバーターで500Vまで昇圧してモーターを駆動することで電流を減らした。IGBT（絶縁ゲート型バイポーラトランジスター）の負担が減るため、パワー

制御ユニット（PCU）の小型化にも貢献した。これらの改善により、10・15モード燃費は35.5km/Lにまで高められた。

3代目は減速機構を採用

2009年5月に3代目へと全面改良されたプリウス。モーターを小型軽量とするために高回転・高出力型として、遊星歯車機構により減速させることでトルクを増幅させた。動力分割機構とMG2の減速機構の二つの遊星歯車機構を背中合わせに組み合わせた構造を採用している（図3）。モーターへ供給する最大電圧は2代目の500Vから650Vへと高め、MG1のコイルの巻き方も変更し効率を高めている。

エンジンは「1NZ–FXE」型から「2ZR–FXE」型へと変更。排気量は1.5Lから1.8Lに拡大し、エンジンのみの走行となる高速走行時の燃費を改善している。この他、可変バルブタイミング機構の可動範囲を広げることでアトキンソンサイクルをより積極的に利用するようにした。クールドEGR（排ガス再循環）も採用した。アトキンソンサイクル吸気弁を遅閉じすることで実質的な排気量を減らす効果があり、幅広い走行領域で燃費性能を改善している。

PCUは、2代目に比べて体積で37％、質量で36％の低減に成功した。ボディーの空力性能や転がり抵抗の低減など、シャシー部分での改善も積み重ね、10・15モード燃費は38.0km/Lとなった。

4代目の減速機構は平行軸歯車に

そして、4代目となる現行プリウスで、燃費は最も廉価な「Eグレード」で40.8km/L（JC08モード）と40km/Lの"大台"に乗せた。

ハイブリッド機構で最も大きな変更点は、トランスアクスルの構造である。3代目で遊星歯車を採用した減速機構を、平行軸歯車に変えた。歯車の数が減って噛み合いが減るため、伝達損失を抑えられる。遊星歯車はピニオンギアによる駆動損失が大きく、平行軸歯車の採用でギアによる損失を20％削減できた。同時にギアの歯面を仕上げる加工コストも低減している。

平行軸歯車の採用で全長を47mm短くできた。従来は二つの遊星歯車機構とMG1、MG2を同軸上に配置していたため全長が長くなっていた。MG1とMG2を縦に配置す

第2章／ハイブリッドシステム

図3 トランスアクスルの構造を変更
3代目プリウスは遊星歯車を2組使い、同軸上にモーターと発電機を配置していた。4代目では、平行軸歯車で減速、遊星歯車で動力分割する機構に変えた。

るようにしたため高さ方向は伸びてしまうものの、MG2もケース側面に余裕が生まれたことで冷却効率を高めた。

　自動変速機油（ATF）を循環させる電動オイルポンプを追加しており、油量を抑えながらより積極的にモーターを冷却するようにした。これにより、モーター内部のローターに使われている永久磁石におけるジスプロシウム（Dy）の使用量を85％以上も削減している。Dyは高温時の保磁力を高める役割を担っており、冷却性能の向上によって利用量を抑えられたわけだ。

　PCUも構造を工夫し、約33％小型化した。車載電池はコストに優れるニッケル水素電池と、より高いエネルギー密度のリチウムイオン電池をグレードや仕向け地に応じて使い分けている。

二つのモーターの回転方向を制御

　平行軸歯車を減速機構に用いる、現行プリウスのHEVシステムの動作は次のようになる（**図4**）。

　エンジンは、スターターの機能を持つMG1に通電し、サンギアを介して始動させる。停止中は、エンジンの抵抗でリングギアが逆回転してクルマが動き出さないよう、MG2に正回転方向のトルクを発生させてリングギアを停止状態に保っている。

　停止時でも、車載電池の充電状態（SOC：State Of Charge）が低い場合は、エンジン始動後にMG1を駆動して発電させる〔図4（a）〕。電池を充電する場合はリングギアにエンジンからの駆動力が伝わってしまうため、MG2は逆回転方向のトルクを発生させてリングギアを停止状態に保つ。

　通常の発進や加速、充電しながらの走行、強い加速の状態、高速巡航時などは、SOCが十分な場合、通常はMG2のみで加速する〔図4（b）〕。SOCが低い状態であればエンジンでMG1を回して発電し、その電力でMG2を駆動する。より強くアクセルペダルを踏んだ場合は、エンジンの出力を高め、MG1での発電を行うと同時にリングギアへも駆動力を伝え、MG2と共に車体を加速させる。

　定常走行時には、エンジンを効率の良い領域で動かす。エンジンの動力は動力分割機構を介して駆動輪と発電機に振り分ける〔図4（c）〕。発電機で得た電力でモーターを動かし、エンジンを補助する。

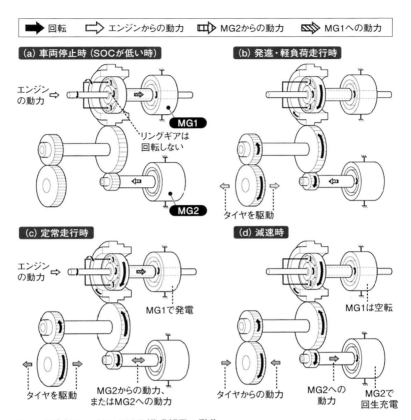

図4 各走行モードにおける構成部品の動作
MG1とMG2の挙動を制御することで、様々な走行状態に対応できるようにした。

　減速時にはMG2が回生充電する一方で、MG1はプラネタリーキャリアから伝わる回転数に合わせて空転させ、エンジンをフリーの状態にすることでアイドリングストップを可能にする〔図4（d）〕。後退時は、MG2が逆回転することで直接リングギアを回し、走行する。エンジンの駆動力は後退には使えず、SOC値低下の場合にMG1による発電のみを実施する。

　2016年冬に国内での発売が予定されるプリウスのプラグインハイブリッド車（PHEV）仕様「プリウスPHV」では、トランスアクスルの基本構造を変えずに、エンジンの出力軸に「ワン・ウエイ・クラッチ」を組み込んだ（**図5**）。EV走行時に二つの

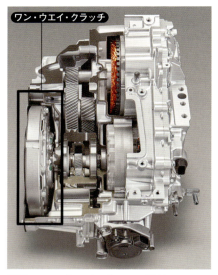

図5 ワン・ウエイ・クラッチ追加でPHEVに対応
エンジンと動力分割用の遊星歯車の間に設け、
EV走行時に二つのモーターを使えるようにした。

モーターが使えるようになり、加速性能が高まっている。

　MG2に加えて、通常は発電機として振る舞うMG1を駆動に使う。従来のシステムでは、MG1でEV走行しようとすると、エンジン軸が逆回転してしまい駆動力を伝えられなかった。ワン・ウエイ・クラッチを設けることで、エンジン軸が逆転しないようにした。

2　THS（トヨタ・ハイブリッド・システム）

エンジンとモーターの駆動力を
遊星歯車で柔軟に制御

トヨタ自動車のハイブリッド車（HEV）の世界販売台数が700万台を超えた。走行状態に応じて、エンジンの駆動力を走行と発電に柔軟に振り分けできるのが特徴だ。その中核技術が"動力分割機構"と呼ぶ遊星歯車機構である。初代から現在の3代目「プリウス」までこの技術が使われている。

　トヨタ自動車が1997年12月に発売した世界初の量産ハイブリッド車（HEV）「プリウス」。2003年9月には2代目、2009年5月には現行モデルとなる3代目に全面改良した（**図1**）。トヨタはプリウス以外のHEVの車種も増やしており、トヨタのHEVの世界の累計販売台数は2014年9月で700万台を超えた。トヨタの世界での年間HEV販売台数は100万台を超えるレベルに達している。

　トヨタのHEVシステムは、走行条件に応じて、エンジンとモーターのどちらか、もしくは両方で走行できる。低速域ではエンジンの効率が悪いので、エンジンで発電機を

図1　現行「プリウス」のパワーユニット
FF（前部エンジン・前輪駆動）車用の横置きエンジンに、発電機やモーターなどを組み合わせる。

回してモーター走行する。エンジンの特性をより大胆に燃費方向へと振ることを意味している。

従来のエンジン車は、エンジン単体で幅広い領域で燃費と動力性能の両立が求められていたが、HEVはモーターの力を活用することでエンジンは燃費の良い運転領域を使えるようになる。

HEVは、これまでのエンジン車では熱エネルギーとして捨てていた減速時の運動エネルギーを、電力として回収して再利用できるメリットがある。また充電インフラが整っていない現在では、電気自動車（EV）の利用には不安があるが、HEVはガソリンを燃料としながら電動化の割合を増やしているため、燃料の補給が容易である。

一方でHEVには課題もある。エンジンとEVの両方のシステムを搭載するため、どうしてもシステムは重く複雑になる。またエンジン車と比べて、走行中に運転者にフィードバックされる加速感などは、不自然になりやすい。これらの課題については、新型HEVの開発が進むにつれて、システムの小型軽量化と、制御系の高度化によって改善されつつある。

フル・ハイブリッド・システムを採用

トヨタは同社のHEVシステムを、「THS（トヨタ・ハイブリッド・システム）」と呼んでいる。THSは、（1）モーターもしくはエンジンでの単独での走行、（2）エンジンとモーターによる走行、（3）エンジンで発電機を回すことによる発電、などが可能な、フル・ハイブリッド・システムである（**図2**）。エンジンの配置や駆動輪の数による違いはあるもののトヨタは、初代プリウスで採用したシステムをこれまで熟成することで踏襲してきた。

トヨタのHEVシステムは、エンジン、二つのモーター（発電機、駆動用モーター）、"動力分割機構"と呼ぶ遊星歯車機構、などで構成している。中でも中核となる機構が遊星歯車機構である（**図3、4**）。この機構で、発電機、駆動用モーター、エンジンの力を合成し、駆動軸に出力を伝えている。

遊星歯車機構は外周にあるリングギア、中心にあるサンギア、そしてその中間にあるピニオンギア（プラネタリーギアとも呼ぶ）で構成する。各ピニオンギアの軸受はプラネタリーキャリアで支持されている。プラネタリーキャリアが回転するとピニオンギア

第2章／ハイブリッドシステム

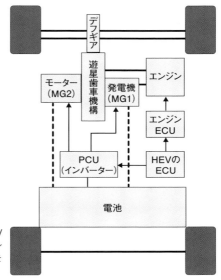

図2 THSのシステム構成
運転者の加減速要求に応じてHEVのECU（電子制御ユニット）がエンジンECUやインバーターに指示を出す。

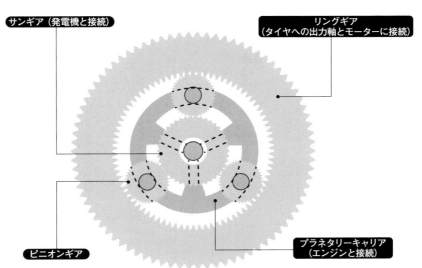

図3 THSの中核となる遊星歯車機構
中心となるサンギア、その周りをピニオンギア、外周をリングギアで構成する。ピニオンギアの軸受けをまとめたプラネタリーキャリアには、エンジンの出力軸が直結されている。サンギアにはエンジンスターターとして機能する発電機がつながる。外周のリングギアはモーターとつながるだけでなく、駆動輪へも出力を伝える。エンジンの出力は、ピニオンを通してリングギアとサンギアに伝わる。

図4 プリウスの遊星歯車機構
エンジンの駆動力がピニオンギアを通して、サンギアとリングギアに伝わる。モーター側にある減速ギアの減速比は一定だ。

が回る仕組みだ（**図5**）。

　エンジンの出力軸は、プラネタリーキャリア（ピニオンギア）につながっている。エンジンを駆動すると、ピニオンギアが回り、サンギアが回転して発電機を動かす。同時に、ピニオンギアが回るとリングギアも回り、タイヤを駆動する。エンジンの出力を遊星歯車機構で柔軟に分割し、片方で発電機を回して発電しつつ、残りのエンジン出力を駆動力として使うことができるのだ。

　駆動用モーターは、トヨタのHEVシステムの中では「MG2」と呼ばれる。モーターを小型化するために、トヨタは2009年の3代目プリウス発売時に、遊星歯車機構を使った減速ギアを配置した。小型なモーターでも、減速ギアを介することで、大きな駆動トルクを生み出すことができる。

　モーターが回転すると、減速ギアのサンギア、同ピニオンギア、同リングギアの順で回転し、大きなトルクを生み出す。減速ギアのリングギアが回転すると、タイヤが駆動する。減速ギアのリングギアは、遊星歯車機構のリングギアと一体になっている。

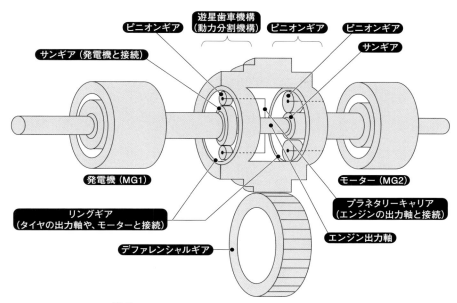

図5 HEVシステムの構成
発電機、遊星歯車機構、減速ギア、モーターで構成する。

　モーターは、タイヤを駆動する役割のほか、車両減速時には回生する機能も備える。回生した電力は電池に蓄えて再びモーター走行のエネルギーとして使われる。

　発電機は、トヨタのHEVシステムの中では「MG1」と呼ばれる。エンジン駆動による発電のほか、エンジンのスターターモーターとしての役割、そして自らの回転を制御することにより、ピニオンギアとリングギアのギア比を変化させる機能を持つ。

エンジンはアトキンソンサイクル

　エンジンは低負荷時にはポンピングロスが大きく、熱効率も低下してしまう。THSはその領域をモーターがカバーすることによって、エンジンが走行を担うのは効率の高い領域に集約させるという考えだ。

　THSでは、既存のガソリン車用エンジンをHEV用に仕様変更することにより、コストを抑えつつ燃費性能を高めている。吸気バルブの遅閉じによるアトキンソンサイクル、クールEGR（排ガス再循環）を利用することで燃焼室に取り入れる空気量を大幅

に減少させることができる。

　他にも効率化のための工夫は色々ある。例えば、空調用の電動コンプレッサーを採用することで、補機ベルトによる駆動損失を省きながら、エンジン停止状態でも車内に冷気を供給できる。さらにウオーターポンプも電動とすることで、ポンプの駆動損失を減らすとともに、エンジン停止状態でも冷却水による暖房を実現している。実際にプリウスでは、こうした電動の機構を採用することで、エンジン前面に補機駆動用のベルトが一本もない。

HEVのECUで各部品を統合制御

　THSの制御系は、HEVのECUを頂点に電力を変換するインバーターやコンバーターなどで構成する。通常のエンジン車は、運転者の操作を受けてエンジンECUでエンジンの出力や回転数を調整するが、THSではまずHEVのECUが運転者の操作から加減速の必要量を判断し、エンジンとモーターそれぞれのECUへと出力などの要求を送る。こうしたエンジンECUとの協調制御はもちろんのこと、後に解説するブレーキとの協調制御もこのユニットの役目だ。

　エンジンECUは、要求される出力などの条件に対応しながらできる限り省燃費となるよう、バルブタイミングや点火時期、燃料噴射量やEGRの導入量を調整する。

　PCU（パワー・コントロール・ユニット）は、モーターECUやインバーター、コンバーターを一つのパッケージにまとめたもの。発熱量も大きく、エンジンの冷却系とは別の独立した水冷システムを採用している。

　現行プリウスの場合、コンバーターは電池電圧の200Vをモーター駆動の650Vに昇圧している。さらにインバーターで650Vの電力を直流から交流に変換して、交流モーターである発電機や駆動用モーターに電力を供給する。逆に発電機やモーターで発電した交流電力はまず直流に変換され、次いで200Vに降圧して電池に蓄える。12Vの電装品やエンジンを動かすための電力を作るDC/DCコンバーターも、PCU内に収められている。

　電池は、重量やコストを抑えながら、燃費性能を高めることが要求される。トヨタの3列シートHEV「プリウスα」やプラグインハイブリッド車（PHEV）「プリウスPHV」では、スペース効率の点からリチウムイオン電池を搭載している。リチウムイ

オン電池ほどではないが、ニッケル水素電池でも高出力型のセルが実用化されている。

　HEV用電池では、多くのセルをモジュール化して電圧を高めると共に内部抵抗を低減し、充放電の損失による発熱量を抑えるように工夫されている。さらに各モジュールに温度センサーを備え、電圧センサーと合わせて電池ユニットの状態を監視し、必要に応じて冷却する電池監視ユニットも組み込まれている。

モーターだけで走行する

　通常の発進はモーターが担う［図6（a）］。モーターが減速ギアを通してリングギアを駆動することでEV走行する。この時エンジンはプラネタリーキャリアが固定した状態で停止しており、発電機を空転させるので、駆動抵抗はピニオンギアの駆動損失だけになる。

　ただし変速機としての機能は働かないため、モーター単独の走行の場合、ギア比は固定となる。それでもモーターの幅広いトルク特性により、発進から軽負荷時の市街地走行までをこなせる。最高速度や航続距離など、EV走行の範囲は電池の能力によって決まる。なお、後退時にはモーターを逆回転させることでリングギアも逆回転する。つまりTHSでは後退のための機械的な機構は備わってはいない。

　アイドリングストップの状態でモーターによって発進し、運転者がより強い加速を要求した際には、発電機がスターターモーターとなりエンジンを始動して加速力を高める［図6（b）］。

HEVのECUで統合制御

　アクセル開度やペダルを踏み込む加速度から運転者が求める加速力をHEVのECUが判断し、エンジンの駆動力や発電機の回転数（減速比）、モーターへの電力量を決定し、加速力の強さが決まる［図6（c）］。

　現行型プリウスの変速機のみかけ上の減速比は2.683であるが、これは遊星歯車機構の歯数から算出された数字であり、実際にはサンギアに直結した発電機の回転数を制御することにより減速比が変化する。

　高負荷時には発電機が多く回転することにより減速比を大きくし、車速が高まるにつれ発電機の回転数を落とすことにより減速比を小さくしていく。この場合、発電機が発

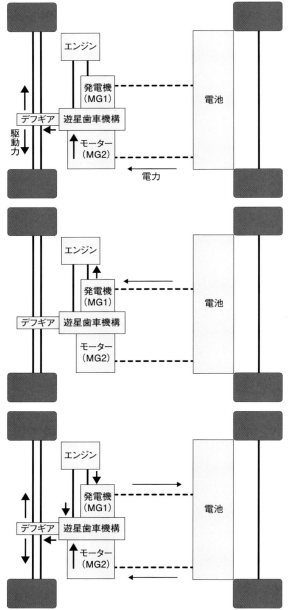

(a) 通常の発進およびEV走行モード
電池からモーターに電力を供給し、モーターで遊星歯車機構のリングギアを駆動して発進、走行する。この時、発電機は空転することでプラネタリーキャリアに力を伝えず、エンジンは停止状態のまま抵抗なく走行できる。

(b) エンジン始動時（モーター走行中）
リングギアの回転が固定、あるいはモーターによって制御されている場合、発電機に電力を供給しサンギアからピニオンギアを介してプラネタリーキャリアを回転させてエンジンを始動する。加速度を変えることなくスムーズに加速中にエンジンをスタートさせ、モーターの駆動力と合わせてエンジンがリングギアを回すよう、モーターへの電力を細かく制御する。

(c) 加速時・定速走行時
加速時は、エンジン回転を高めてトルクを増幅する。同時にモーターへの電力供給を増やして駆動力を高め、運転者が要求する加速力を実現させる。定速走行時は、エンジンの燃費の良い負荷状態を維持するようにする。発電機で生み出した電力はモーターへと供給され、モーターはエンジン駆動力を支援する。

図6 THSの各走行モード

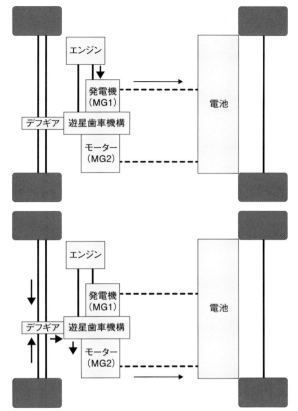

(d) 停車中充電
電池の充電量が少ない状態では、停車中でもエンジンを停止しないで、発電機を回転させて電池を充電する。リングギアが固定されている状況で、発電機の発電抵抗を下げることにより、エンジンの駆動力はすべて発電機を駆動する力に回される。

(e) 減速時
タイヤの回転力でリングギアを介してモーターを回転させることで回生発電し、電池に電力を蓄える。発電機は空転することで、エンジンへの駆動力の伝達を行なわず、エンジンは停止状態のまま空走状態となる。減速時のエネルギーはできる限りモーターが回収し、最終的には電子制御のブレーキで制動力を調整してブレーキペダルからの制動力の要求に適った制動力を発生させる。

図6 THSの各走行モード（つづき）
注）実際にはエンジンとMG1は遊星歯車機構を介して駆動力をやり取りしている。この図は力の伝達を分かりやすくするために省略した。

電してモーターに電力を供給する。エンジンにより発電することで、電池の充電量を維持しながら継続的なモーター駆動を実現しているのだ。

エンジンは安定した負荷状態を作り出すことができる。バルブタイミングやEGRの量を調整して、同じ回転数でも負荷に応じて出力を調整し、ポンピングロスを抑えて燃料を節約する。

充電＋エンジン走行

電池の充電量が不足した場合、エンジンで発電機を回して発電する。停車中はリング

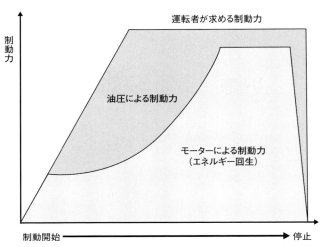

図7 ブレーキ協調制御の概念
ブレーキペダルを踏んだ瞬間から回生充電を開始しても、モーターの電力の立ち上がりは要求する制動力に追い付かない。そこで当初はブレーキによる制動力の割合を増やし、発電が本格化した状態でブレーキの制動力を弱めていき、減速加速度は安定させながら、回生充電の割合を増やしていく。

ギアが固定され、発電機の電気抵抗を下げることで、プラネタリーキャリアの回転はすべてサンギアにつながった発電機を駆動する力になる［図6（d）］。走行中はリングギアとサンギアのギア比に応じて、エンジンのトルクを走行用の駆動力と発電機を回す力に割り振る。

　減速時には、ブレーキで熱エネルギーに変換して捨てていた運動エネルギーを電気エネルギーに変換し電池に蓄える、回生充電を行う［図6（e）］。効率良く回生充電するため、THSでは回生はモーターのみで行ない、エンジンを停止させてもエンジンブレーキが発生しないよう発電機を空転させることでピニオンギアの回転を吸収して、駆動力が加わらないようにしている。

　この場合、ブレーキシステムとの協調制御が非常に重要で、運転者のブレーキペダルの踏み込み量に見合った減速度が出るように、モーターによる回生力を設定する（**図7**）。さらにブレーキペダルを多く踏んだ場合や停止直前にはモーターによる回生だけでなく油圧での制動を増やす。

図8 トヨタ自動車の量産型燃料電池車（FCV）「MIRAI（ミライ）」
駆動用モーターやインバーター、ニッケル水素電池など、トヨタのハイブリッドシステムで培った基本技術や部品を流用している。

エンジン直結モードへの展望

　トヨタのHEVシステムは、エンジン、モーター、発電機、出力軸を遊星歯車機構を介して接続することで低燃費を実現している。低速域の走行を重視する、日本のJC08モードの燃費でこそ32.6km/Lを記録しているが、欧米ではより高速域の走行をベースとした基準になっているため日本ほど燃費は良くない。

　エンジンは、高速で定常走行しているときには、燃費が良くなる。こうした領域では、エンジンと出力軸を直結させて燃費性能を高めることも検討する余地がありそうだ。ホンダは2013年6月に発売した中型セダン「アコードハイブリッド」で、エンジンと出力軸を直結させる機能を用意している。

　トヨタは2015年末に発売する次期プリウスで、新しいTHSを採用する見通しだ。モーターや電池の出力密度を高めることで、より軽量化して燃費性能も高める方針である。

　またトヨタのHEVシステムで培った技術は、2014年末に発売した燃料電池車「MIRAI（ミライ）」にも使われている（**図8**）。HEVシステムの主要部品（モーター、発電機、エンジン、ガソリンタンク、遊星歯車機構、電池、PCU）から、発電機とエンジン、ガソリンタンクを省き、FC（燃料電池）スタックと水素タンクを搭載している。

　MIRAIでは、「カムリ」のHEVモデルのニッケル水素電池、「レクサスGS450h」のモーターとPCUを流用している。新規開発部品を絞り込むことで、約700万円という価格で販売することができた。

3 ハイブリッドシステム

最大3個のモーターで
エンジン駆動を支援

トヨタ自動車が1997年に2モーターの量産型ハイブリッド車（HEV）「プリウス」を発売して以来、各社は1モーターから3モーターまでのシステムを実用化している。モーターは1個で、駆動用もしくは発電機、両方に対応するものなど、各社の設計思想によって使い方が異なる。

エンジンとモーターの二つの動力源を搭載するハイブリッド車。トヨタ自動車は、駆動用モーターと発電機の2モーターを搭載し、シリーズ式（モーターでタイヤを駆動し、エンジンは発電機を回す役割のみ）に近い制御からパラレル式（エンジンとモーターの両方でタイヤを駆動、エンジンで発電機を回す）まで柔軟に使い分けている。

一方の他社の主流は、1モーターのパラレル式、あるいは2モーターでシリーズ式をメインに状況に応じてパラレル式に切り替えるシステムである。

今回は前半で、1モーター（ドイツDaimler社や日産自動車、富士重工業、ホンダ）、2モーター（ホンダや三菱自動車、米GM社）、3モーター（ホンダ）のシステムを紹介し、後半で独自方式のドイツBMW社のシステム、日産自動車やスズキが採用している低コストのマイルド・ハイブリッド・システムを取り上げる。

パラレル式が多い

ドイツメーカーの車をはじめとして多くの自動車メーカーが採用しているのは、ステップAT（自動変速機）の内部にモーターを組み込むパラレル式だ（**図1**）。エンジンの駆動力は、クラッチやトルクコンバーターによって接続・遮断し、モーターは変速機のメインシャフトと直結している（**図2**、**表**）。

電池の充電量が十分であれば発進はモーターの駆動力のみで行い、さらに強い加速あ

図1 ドイツDaimler社「メルセデス・ベンツSクラス」のハイブリッドシステム
ステップATにモーターを組み込んだ、1モーターのパラレル式ハイブリッドの代表例。モーター用電池やPCU、充電端子などを備える。既存のガソリン車に手を加えることで実現しやすく、渋滞時や加速時などのエンジン負荷を軽減して燃費を向上させるには効果的なシステムだ。

図2 ステップAT内蔵型ハイブリッドシステム
ATの前にはトルクコンバーターがあり、ロックアップクラッチの後ろにモーターが組み込まれている。エンジンの始動による振動は、ダンパーと、モーターの出力を制御して吸収する。高速巡航中はエンジンの出力軸を切り離してエンジンを停止させて、モーターだけで巡航する。

表 ハイブリッドシステムの比較

	モーターとエンジンの連結機構	シリーズ式への切り替え	その他特徴的部分
トヨタ自動車の「THS」	遊星歯車機構	遊星歯車機構をモーターで制御することにより切り替え可能	遊星歯車機構がモーターとの連結、EVモード、エンジン側変速機を兼ねる
Daimler社のAT内蔵パラレル型	ATインプットシャフトにモーターを直結	モーター以降の駆動系を切り離すことはできないので不可	極めて自然なフィールで、滑らかにエンジンとモーターを断続
日産自動車の1モーター2クラッチ式	ATインプットシャフトにモーターを直結	AT後端のクラッチを切ることでエンジンによる発電可能	高級車らしい静粛性と燃費性能を高めた
富士重工のCVT内蔵パラレル型	CVTカウンターシャフトにモーターを直結	モーターはCVT後部に組み込まれるため、エンジンによる発電は不可	加速感は極めて自然なフィールで、モーターのアシスト感は少なく、ガソリン車より燃費に優れる
三菱自動車のプラグイン・ハイブリッド・システム	エンジンと発電機はトランスアクスルにより直結。クラッチにより必要に応じてエンジンの駆動力を走行用モーターに合力	基本的にはシリーズ式としてエンジンは主として発電用に働く	乗り味は完全にEV。静かでパワフル。ただしエンジン音は走行とは同調せず
ホンダ1モーター式	DCTのカウンターシャフトにモーターを直結。エンジンとモーターはメインシャフトで合力	モーターは駆動系のカウンターシャフトに連結しており、後続の駆動系と切り離すことはできない	伝達効率に優れるDCTとハイブリッドを融合
ホンダ2モーター式	エンジンと発電機はトランスアクスルにより直結。クラッチにより必要に応じてエンジンの駆動力を走行用モーターに合力	基本的にはシリーズ式としてエンジンは主に発電用に動く	乗り味は完全にEV。静かでパワフル。ただし高速道路のクルージングはAT内蔵パラレルに近い自然さ
ホンダ3モーター式	DCTのカウンターシャフトにモーターを直結。エンジンとモーターはメインシャフトで合力	モーターは駆動系のカウンターシャフトに連結しており、後続の駆動系と切り離すことはできない	加速力の強力さ、静粛性などは高級高性能セダンとして一日の長
BMW社「i8」	モーターはフロントタイヤを駆動し、エンジンはリアタイヤを駆動。連結機能はなし	前後の駆動系は完全に独立しているので、エンジンによる発電は不可。プラグインで対応	EVモードによるFF走行、ハイブリッド4WD、エンジンによるRR走行が可能
GM社「シボレーVolt」	エンジンと発電兼用モーターはクラッチで断続	基本的にはシリーズ式としてエンジンは主に発電用に動く	全力で加速性能を高める際にはエンジンの駆動力をモーターと合力してパラレル式にもなる
日産自動車「S-HYBRID」、スズキ「S-エネチャージ」	ベルトによりクランク軸と発電兼用モーターを連結	あくまで補機類なので、エンジンを走行用電池の充電用に用いない	低コスト。エンジンの負荷軽減により燃費性能を高める

118

るいは電池残量が不足してくると走行しながらクラッチを接続し、駆動用モーターの力でエンジンを始動させる。モーターとエンジンの両方で走行したり、エンジンでモーターを回して電力を補ったり、モーター単独で車両を走行させる。

　エンジンや変速機は、従来の機構を利用しているため、加速感などは通常のガソリン車に近い。運転者は自然な感触で安心感を持って運転できるというメリットがある一方で、燃費に優れるHEVならではの強みも発揮する。

　シンプルな構造であるため導入は容易に思えるかもしれないが、駆動系に加わるショックを低減するため、実際には極めて高度なセンシング技術、きめ細かい制御技術が必要となる。例えば走行中のエンジン始動においては可変バルブタイミング機構を利用して、圧縮比を下げることで燃焼圧を減らして振動を低減している。エンジンの駆動力が突如変わるような状況でも、モーターの出力を1000分の1秒単位で制御し、クラッチのダンパーなども利用してほとんどショックを感じさせないように駆動力を切り替え、あるいは合力しているのだ。

　ガソリン車でも巡航中のアクセルオフ時にはエンジンを駆動系から切り離して空走させることで燃費を向上させているが、HEVであればエンジンを燃焼効率の高い領域で稼働させられるためさらに燃費を高められる。緩い加速であればモーターだけで加速させ、車速を維持することもできる。

　日産自動車の1モーター2クラッチ式システムは、エンジンとモーターを切り離せるのが特徴（**図3**）。EV走行時にはエンジンを、エンジン走行時はモーターをそれぞれ切り離すことで効率的に動かす。フル加速のときは両者を接続して出力を高める。変速機後端にもクラッチを設け、そのクラッチを切り離すことで停止中にエンジンにより充電することもできる。

　富士重工業が「インプレッサ」「XV」などに採用しているハイブリッドシステムは、CVT（無段変速機）のメインシャフトに駆動用モーター1個を組み合わせる（**図4**）。エンジンのトルクにモーターのアシスト力を追加し、それを変速機によって増減させている。発進時のみEV走行し、大半の走行はエンジンの駆動力で走る。負荷が大きい場合や巡航から緩い加速をする際にはモーターでエンジンをアシストして燃費を向上させる。もちろん減速時には回生して充電する。

　これまで紹介したハイブリッド機構は、基本的に一つのモーターで駆動と回生充電を

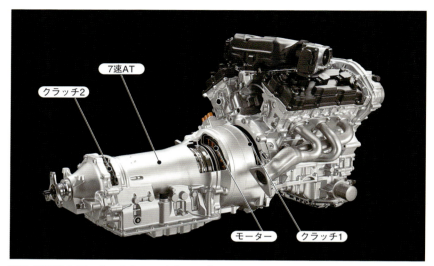

図3 日産の1モーター2クラッチ式ハイブリッドシステム
AT内蔵型ハイブリッドと基本的な配置は同じだが、変速機の後端にもクラッチ2を設け、停止中にエンジンによる発電もできる。

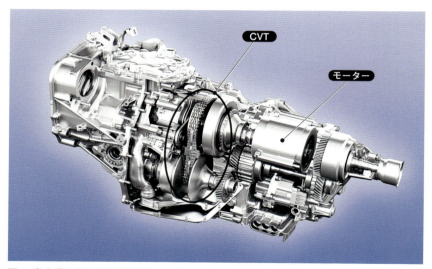

図4 富士重工業のCVT内蔵型ハイブリッドシステム
金属チェーンとプーリーによって変速するCVTに、モーターを組み込む。エンジン出力の入力軸側にモーターを直結し、エンジンとモーターのトルクをCVTで増減する。これにより自然な加速感でモーターのアシストを実現し、安心感の高い走りと低燃費を両立させている。

している。それでも電池充電量が少なくなった場合、軽負荷な巡航時などは、エンジンで走行しながらモーターも駆動して充電する。さらに減速時の回生充電で電池に電気を蓄える。これにより、駆動用モーターと発電機で構成する2モーター式よりコストを抑えることができる。

ホンダは3モーター式まで使い分け

　ホンダは車格に応じてタイプの異なるハイブリットシステムを開発し、使い分けている。最初に実用化した「IMA（Integrated Motor Assist）」と呼ぶ1モーター式は、エンジンの出力軸にモーターを直結し、その後ろにクラッチや変速機を連結した構造を採用していた。これは小型軽量なハイブリッドシステムを造れるものの、エンジンを停止したままモーターだけで走行するには効率が悪く、HEVの強みである幅広い走行条件で好燃費を維持するという仕組みを実現することが難しかった。

　現在の1モーター式は、DCT（デュアル・クラッチ・トランスミッション）とモーターを組み合わせ、エンジンとモーターの駆動力を切り離して使える（**図5**、**6**）。構造としてはエンジンとDCTを組み合わせ、奇数段の出力軸にモーターを直結している。モ

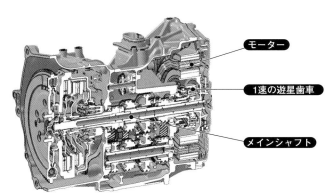

図5　ホンダの「フィットハイブリッド」の7速DCTハイブリッドシステム
1速に遊星歯車を採用し、モーターを組み合わせる。メインシャフトにはモーターの出力が伝えられるが、エンジンは奇数段のみメインシャフトに出力を伝えるが、偶数段使用状態ではセカンダリーシャフトから伝わった力が、カウンターシャフトでモーターの力と合力され、ファイナルギアから駆動輪へと伝えられる。

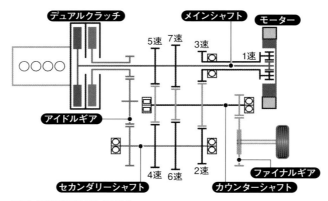

図6 7速DCTのシステム
1速はメインシャフト自体を遊星歯車機構のサンギアとして使用。プラネタリーキャリアは3速ギアと直結しており、減速後に3速ギアを使ってカウンターシャフトに出力を伝える。モーターはメインシャフトと直結し、エンジンが他のギアで出力を伝えている時にも3速ギアを介してカウンターシャフトに出力を伝える。ホンダらしいユニークな機構だ。

ーターは常に駆動輪とともに回っており、変速機内で最終的に合力されるとはいえ、基本的にモーターとエンジンから別々に駆動力をタイヤに伝えているイメージだ。

2013年6月に発売した中型セダン「アコードハイブリッド」では2モーター式を採用した。車両前部に駆動用モーターと発電機を組み込んだ（**図7**）。エンジンは基本的に発電機を動かす。電池残量が十分であれば、電池から電力供給するEV（電気自動車）モードで走行する。電池残量が少なくなるとエンジンは発電用モーターを動かす。発電した電力でモーターを駆動するほか、余った電力は電池に蓄える。エンジンの効率の良い領域で発電時の燃費を高められる。

さらに70km/h以上の速度ではエンジンの駆動力を走行用にも使い、高速巡航などエンジンの運転効率の高い部分ではエンジンだけで走行し、加速などで負荷が高まった時にはモーターでアシストする。一般道ではシリーズ式、高速道路ではパラレル式を使い分ける。エンジンで走行するのは高速走行だけなので、変速機は搭載していないという割り切りぶりだ。

図7 ホンダ「アコードハイブリッド」のハイブリッドシステム
エンジンは常時、発電機を駆動し、走行用モーターと電池に電力を供給する。市街地では電池の残量が充分であればエンジンは停止し、電池からの電力供給でモーター走行する。高速走行では巡航時は走行用クラッチを接続してエンジンの駆動力で走行し、加速時にモーターがアシストしてエンジンの負荷増大を抑える。

3モーター式は後輪左右を個別制御

2015年2月に発売した、ホンダの最上級セダン「レジェンド」は、車両前部にモーター1個、車両後部に2個のモーターを搭載する3モーター式である（**図8**、**9**）。

3モーター式であるがその構造は、フィットのDCT＋1モーター式に、左右後輪を独立制御する2モーターを追加したものといえる。

車両前部のエンジンと計3個のモーターの組み合わせで、エンジン走行、エンジンとモーターを使うハイブリッド走行、モーター走行の三つが可能。EV走行時は後部のモーターだけが担う。前部のモーターは駆動と回生、エンジン発電を担う。

後部の2個のモーターは、左右独立制御が可能である。コーナでは、左右でモータートルクの大きさを変えることで、車両の旋回力を生み出すトルクベクタリングを実現する。

三菱とGM社はシリーズ式が基本

アコードハイブリッド以外に、2モーターの構成を採用するのは、三菱自動車のSUV

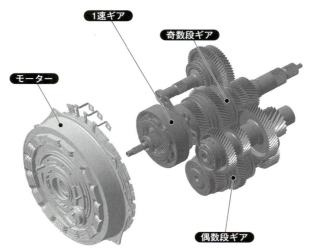

図8 ホンダ「レジェンド」の7速DCTハイブリッドシステム
基本的にはフィットハイブリッドと同じ駆動系メカニズムのレジェンド。図では、1速の遊星歯車機構のサンギア(メインシャフト)とモーターが直結していることが分かる。

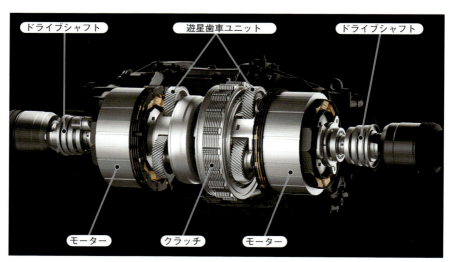

図9 レジェンドの後輪用モーター
リア・デファレンシャル・ギア・ユニットを左右のモーターで駆動することにより4輪駆動システムとしている。モーターを小型化するために高回転型のモーターに減速機を組み合わせ、左右のモーター出力はクラッチにより干渉度合いを調整できる。左右モーターの出力を変化させることでトルクベクタリングを実現する。

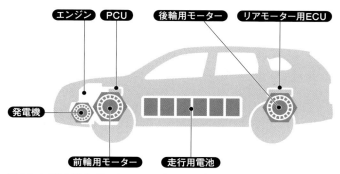

図10 三菱自動車「アウトランダー」のプラグイン・ハイブリッド・システム
エンジンと発電機、前輪駆動用モーターを車両前部に配置し、車体底部中央に電池、車両後部には燃料タンクと後輪駆動用モーターを配置。電池残量が充分な状態では、EVの4輪駆動車として走行し、充電量が不足するとエンジンが発電機を駆動して、電力を供給。高速道路などでより強い加速力を得たい時には、エンジンの駆動力も走行用として用いる。

（スポーツ・ユーティリティー・ビークル）「アウトランダーPHEV」やGM社の「シボレーVolt」である。いずれもガソリンエンジンで発電機を回して電気を生み出し、EV走行であるシリーズ方式を重視したシリーズ・パラレル方式である。

　アウトランダーPHEVは、前部にエンジンと発電機、駆動用モーターを搭載し、後部にも駆動用モーターを搭載する4輪駆動車である（**図10**）。2.0Lのガソリンエンジンは、走行にも使うが、主に発電機を回して駆動用モーターで使う電力を生み出す。エンジンに組み合わせる変速機はなく、エンジンで走れる速度域は限定している。これはホンダのアコードハイブリッドと似ており、モーターだけで120km/hまでの走行を可能にしている。

　高速走行時などでさらなる加速力が要求された場合、トランスアクスル内のクラッチによりエンジンとモーターを締結し、エンジンの出力をタイヤの駆動力に利用できる。ただしアコードハイブリッドほどは、高速巡航でもエンジン走行を積極的に行うものではなく、電池残量が不足している場合やモーター出力以上の加速力を要求した場合に、エンジンを走行に用いる仕様となっている。

GM社Voltは遊星歯車採用

　GM社の中型車「シボレーVolt」のハイブリッドシステムは、トヨタTHS（トヨタ・ハイブリッド・システム）のように遊星歯車機構を用いるが、エンジンとモーターの連結は単純にクラッチが担う。

　モーターを2個搭載し、一つの走行用モーターは遊星歯車機構のサンギアに直結されており、もう一つの発電/駆動用モーターはリングギアとクラッチによって結合されている。

　電池残量が十分で、低速走行であれば走行用モーターはサンギアを回し、リングギアは固定することにより、プラネタリーキャリアと直結したフロントアクスルを通じて、駆動輪を回す。より強い加速が必要な場合はリングギアの固定を解除し、発電/駆動用モーターに電流を送ることで、モーター2個分の出力を駆動力として利用する。

　電池の残量が基準を下回った際には、発電/駆動用モーターとリングギアのクラッチを解除してエンジンとのクラッチを接続することで発電する。作った電力は、駆動用モーターを駆動する電力として直接利用しながら、余剰電力は電池に充電する。

　発電/駆動用モーターとエンジンの出力を組み合わせて、走行の駆動力とすることも可能だ。その場合、構造的には駆動用モーターは回転数を制御することにより、変速機としても利用できる。

　どちらかといえばアコードハイブリッドやアウトランダーPHEVに近い考えだが、遊星歯車機構を使って二つのモーターを使い分け、一つのモーターを発電と駆動のどちらにも利用している点が特徴だ。

　そもそもレンジエクステンダーEVとうたっているだけに電池搭載量も多く、シリーズ式のハイブリッドという印象が強いが、パラレル式としても十分な能力を持つ優れたハイブリットシステムである。

BMW社は独自のシステム採用

　BMW社には、PHEVとして開発した「i8」がある（**図11**）。炭素繊維強化樹脂（CFRP）を多用したボディーとアルミ合金製シャーシーなど軽量化技術も目を見張るものがあるが、ハイブリッドシステムもユニークだ。

　前輪はモーターで駆動し、車両後部に搭載した1.5Lの3気筒ガソリン直噴ターボエ

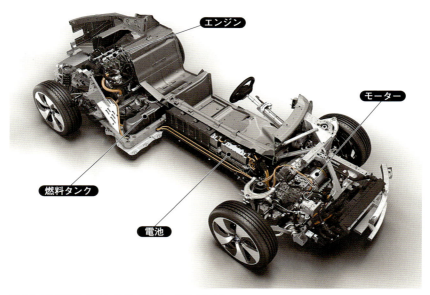

図11 BMW社「i8」のハイブリッドシステム
電池を車体中央に置き、前輪はモーターで駆動、後輪はエンジンで駆動する。電池の充電は減速時の回生エネルギーと、プラグインで行なう。前後の駆動システムは完全に独立しており、協調制御によりハイブリッド走行を実現する。

ンジンで後輪を駆動する。車両前部のモーターと車両後部のエンジンの二つの駆動システムが独立しながら、協調することで、出力を制御して走行する。

　エンジンで発電機を回して充電する機能は採用されていないが、PHEVのため電池容量も大きい。そのため電池残量が十分な状態での通常走行は前部のモーターだけで走行する。エンジンに組み合わせるオルタネーターは駆動力の支援もできるマイルドハイブリッドとなっている。オルタネーターの出力は10kWである。

　電池残量が少なくなってくるとエンジンによって走行することになるが、それでも減速時の回生充電により電力は蓄えられるので、加速時にはモーターによるアシストが利用でき、単なるエンジン走行と比べ燃費性能を高められる。さらに最大の出力を要求された場合には、エンジンとモーターを合わせたシステム出力として266kW（362PS）を発揮する。

導入コスト抑えたマイルドHEV

 これまで紹介したハイブリッドシステムは専用のモーターで直接タイヤを駆動するものだが、補機類の見直しや改良でエンジン駆動をアシストし、燃費向上を図るシステムも存在する。

 いわゆるマイルド・ハイブリッド・システムと呼ばれるもので、本格的なハイブリッド車ほど専用の部品や構造を採用することなく、加減速のエネルギー効率を高められるのが特徴だ（**図12**）。特に発進時や加速時などのエンジン負荷を軽減し、そのアシストのための電力は減速時の回生充電によって賄う。

 具体的には従来のオルタネーターの出力を高めて、エンジンを始動するスターターモーターと加速時のアシストモーターの機能を盛り込んだものを搭載する。提供する機能は、アイドリングストップからのエンジンスタート、発進や加速時のモーターアシスト、減速時の回生充電である。既存のパワートレーンをあまり変更することなく導入で

図12 日産「セレナ」のマイルド・ハイブリッド・システム
従来、エンジンで駆動するだけの発電機を、ISG（インテグレーテッド・スターター・ジェネレーター）として、セルモーターやアシストモーターとしての機能を加えている。アイドリングストップ状態からエンジンを始動させると、発進加速や中間加速時にモーターの出力がベルトを介してエンジンの負荷を軽減。また減速時にエネルギーを回生する。

きるため比較的低コストで済む。

　スズキが軽自動車向けに提供している「S-エネチャージ」や、日産自動車「セレナ」の「S-HYBRID」はマイルドハイブリッドに含まれ、今後導入する車種は増える。

　欧州ではマイルド・ハイブリッド・システムの効率を高めるために、ハイブリッド機構部分のみ48Vに電圧を高めたシステムが、間もなく発売される予定である。

4 アイドリングストップ機構

早く・静かにエンジン再始動
スターターモーターが進化

車両停止時や停止直前にエンジンの稼働を停止するアイドリングストップ機構。軽自動車を含めてほとんどの車種に搭載されるまでになった。エンジンの再始動には、主に3通りの実現方法がある。従来のスターターモーターを使う方式やスターター兼オルタネーター方式などを見ていく。

エンジンを無駄に回している状態がアイドリング。そこで、車両停止時や停止直前にエンジンを自動で停止させて、必要時にエンジンを短時間で再始動させるアイドリングストップ機構の採用が広がっている（図1）。

アイドリングストップ機構でエンジンを再始動する方法には主に三つある。既存のスターターモーターと同様にピニオンギアをエンジンのリングギアに飛び込ませる「コスト重視型」、スターターモーターを常時噛み合わせておいたり、スターター兼オルタネーターを使う「構造工夫型」、エンジンの性能を生かす「エンジン理論追求型」である（表）。

図1 ダイハツ工業の軽自動車「ムーヴ」
アイドリングストップ機構により、11km/h以下になるとエンジンが停止する。

表 代表的なアイドリングストップの方式

	コスト重視型		構造工夫型		エンジン理論追求型
メーカー「システム名」	ダイハツ工業「エコアイドル」	VW社/Audi社「スタート/ストップシステム」	トヨタ自動車「常時噛み合い式スターター」	スズキ「S-エネチャージ」	マツダ「i-stop」
変速機の種類	CVT	MT/DCT/ステップAT	MT/CVT	MT/CVT	MT/ステップAT
構造上の特徴	タンデムソレノイド式スターターを採用し、エンジンが回っていても始動可能。CVTの低圧化を図り、エンジン停止中のオイルポンプ駆動を不要にしている	タンデムソレノイド式スターターを採用。ATは内部に高圧オイルを貯めて、アイドリングストップからのATの復帰を支援する	フライホイール（トルクコンバーター）とリングギアをワンウェイクラッチで結ぶ	スターター兼オルタネーターをベルト駆動によりエンジンを始動。発進加速もモーターでアシスト。エンジン停止前でも再始動できる	停止時のクランク角を制御し、燃料噴射＆プラグ点火による燃焼で直接始動（セルモーターも補助として利用）

　コスト重視型は、従来のスターターモーターのシステムと構造は同じだが、エンジンの始動の頻度が増えるため、モーターの耐久性を高めている。構造工夫型は、コスト重視型よりも短時間で始動できたり、静粛性を高めるなど独自の工夫を施している。一方のエンジン理論追求型は、より高度なエンジン制御でエンジンを再始動させる。

従来のモーター使いコスト重視

　エンジンの再始動に従来のスターターモーターを使う場合の課題は、始動時にピニオンギアを回転させながらリングギアへ噛み合わせる必要があるためギアが摩耗することだ。しかも、ギアを飛び込ませるソレノイドやリレーが焼き付いて作動不能に陥る可能性があった。

　アイドリングストップ機構で使うにあたり、ソレノイドやリレーの容量に余裕を持たせた他、ピニオンギアを押し出して、リングギアと噛み合わせる際の衝撃をスプリングによって緩和させるなどの改良を図った。従来のスターターモーターは、耐久性を作動回数3〜4万回程度と想定していたが、アイドリングストップ機構搭載車は、25万回以上の耐久性を確保している。

　コスト重視型で最近採用が増えているのが、タンデムソレノイド式のスターターモーターである（**図2**）。モーター通電用ソレノイドと、ピニオンギア押し出し用ソレノイドを配置し、それぞれのソレノイドを個別に制御できるようにした。

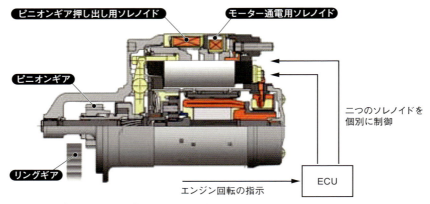

図2 タンデムソレノイド式モーターの構造
従来のスターターモーターは一つのソレノイドで、モーターへの電力供給とピニオンギアの飛び込み機構を駆動しており、ピニオンギアは回転しながら飛び出しリングギアと噛み合う。タンデムソレノイド式では、制御系を独立させることにより、リングギアが回転中でもピニオンギアと噛み合わせることを可能にした。エンジンが停止過程にあり、惰性で回っている（エンジンのリングギアの回転数が低い）時にはギアを先に噛み合わせてからモーターを回す。これによりエンジンが完全停止するまでの惰性で回転している最大1.5秒間、スターターによる再始動を待つ必要がなくなった。

　従来は1個のソレノイドで、モーターに通電する役割とギアを押し出す役割の二つを兼ねていた。ピニオンギアを回転させながら押し出し、リングギアに当てて噛み合わせるため、エンジンが完全停止した状態でしか使えなかった。エンジン停止中に、ピニオンギアを回しながらリングギアに噛み合わせていた。

　新しいタンデムソレノイド型では、エンジンが惰性で低回転で回っている場合でも、ギアをまず飛び込ませて噛み合わせてからモーターを回す。クルマが停止する前（エンジンが完全停止する前）でもアイドリングストップを作動させ、いつでもエンジンを再始動できるようにした。

より迅速な構造工夫型

　従来の飛び込み式スターターの弱点である短時間の始動や静粛性の向上を図り、さらにエンジンが完全停止する前でも再始動を可能にしたのがトヨタ自動車の常時噛み合い式スターターである（**図3**）。従来フライホイールに一体化されていたリングギアを分離し、スターターモーターの回転力をリングギアに伝える際にワンウェイクラッチを使っ

第2章／ハイブリッドシステム

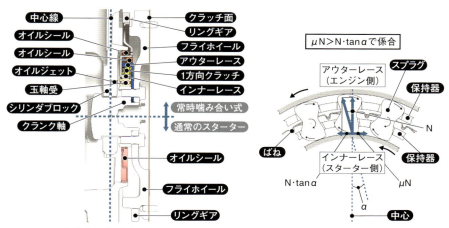

図3 トヨタ自動車の常時噛み合い式スターター
フライホイールとリングギアを分離して、ワンウェイクラッチで連結することによりフライホイールよりリングギアの方が速く回転している場合のみ、カムが立ち上がってフライホイールとリングギアのハブ部を噛み合わせて、スターターモーターの駆動力をクランクシャフトに伝える。

ているのが特徴。

　スターターモーターの回転数がエンジンの回転数を上回る場合にのみ、スターターモーターからの力がフライホイールに伝わる。前述したタンデムソレノイド式スターターモーターを採用することで、同様の機能は得られることから、コストの面からも今後はタンデムソレノイド式に置き換えられていくことが予想される。

　飛び込み式のピニオンギアを用いない他のスターターとしては、オルタネーター兼スターターモーターによるベルト駆動の始動がある（**図4**）。こちらもエンジンが完全停止する前の再始動が可能だ。しかも可動部がないため耐久性が高いというメリットもある。スズキの「S-エネチャージ」、日産自動車の「S-HYBRID」といったマイルドハイブリッドに使われている。

マツダの「i-stop」

　エンジン単体でのアイドリングストップを突き詰めた機構がマツダの「i-stop」である（**図5、6**）。クランクシャフトをシリンダーの膨張行程で停止させることにより、俊敏な始動を可能としている。

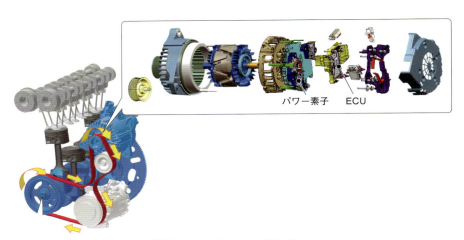

図4 日産自動車「セレナ」に搭載するマイルドハイブリッド
ベルト駆動のスターター兼オルタネーターを使う。

　エンジンを停止させる場合、イグニッションと共に燃料噴射も止め、エンジンは空気だけを吸い込み圧縮、排気する（**図7**）。再始動時には圧縮行程を終えた気筒に燃料を噴射し、プラグで点火してやることにより、エンジン自らが始動する力を得られるようにしたのがi-stopの基本原理である。

　オルタネーターの発電抵抗を増やすことによりクランクシャフトの回転にブレーキをかけて、任意の位置でクランクシャフトの角度を止める。これにより圧縮上死点後30度から120度にある気筒に燃料を噴射し、点火装置で点火することにより、瞬時にエンジンの始動を可能にする。

　またi-stopでは始動性向上のため、燃料カット後のエンジン停止前に電子制御式スロットルバルブをECUが開くことで、燃焼室内の残留ガスをできる限り排出させるよう促している（**図8**）。しかも停止直前の共振によるフロアなどへの振動を防ぐため、エンジン停止直前には再びスロットルバルブを閉じるよう制御している。

　i-stopの場合、圧縮上死点により近い気筒を利用することで技術的にスターターモーターによる回転上昇は不要だが、実際には省燃費のため再始動時にはスターターモーターも併用している。当初はスターターモーター駆動の電力には専用の補助電池を用いていたが、電装品への電力供給には回生エネルギーをキャパシターへ溜め込んで行なう

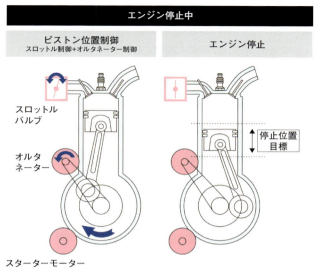

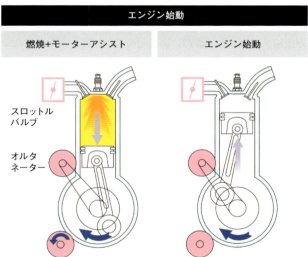

図5 マツダ「i-stop」によるエンジン停止および始動制御
アイドリングストップの条件が揃うと、燃料をカットしエンジンを停止させるが、その際にオルタネーターの発電抵抗を利用して上死点通過時の回転数を制御することで任意のクランク角範囲（膨張行程の上死点後30〜120度）でエンジンを止める。またオルタネーターでブレーキをかける前にスロットルバルブを一度開き、燃焼室内の残留ガスを排出させる掃気を行う。始動時には燃料を噴射後、プラグを点火すると共にスターターモーターを回し瞬時にエンジンを目覚めさせる。

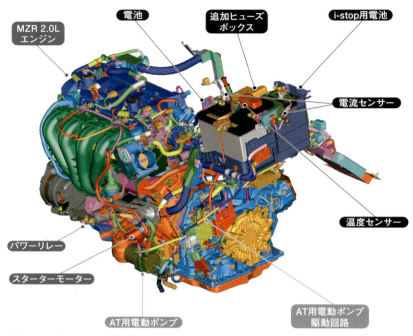

図6 マツダi-stopの主要部品
アイドリングストップ中にAT（自動変速機）内部の油圧が低下するのを防ぐため、電動オイルポンプを組み込んでいる。図は第1世代のi-stopを搭載したエンジンであるため、i-stop用の予備電池を備える。現在は回生充電を利用し、アイドリングストップ専用電池を採用することで、予備電池を不要にしている。

「i–ELOOP」を搭載したモデルも登場し、現在は補助電池を搭載する必要を無くしている。

快適さを向上

　エンジン再始動の際には、振動を抑えつつ始動性を高める工夫が施されているクルマも多い。具体的には、始動時の回転数は共振が起こりやすいため可変バルブタイミング機構を使って圧縮圧力を下げ、始動時の爆発圧力による振動を軽減している。これは燃料の噴射量も削減することにもなるため、よりCO_2排出量や燃費の削減にもつながる。始動時には15秒のアイドリングに相当する燃料を消費するといわれているが、こうした燃料削減効果により、アイドリングストップによる燃費の向上効果はさらに高まる傾

第2章／ハイブリッドシステム

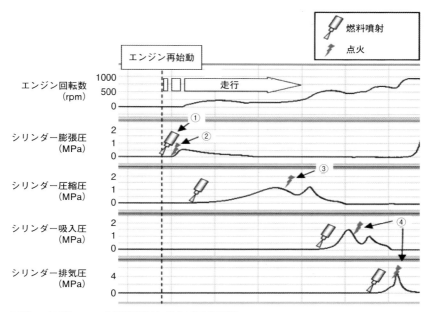

図7 マツダi-stopの燃料噴射と点火プラグ制御
膨張行程内の最適な角度で停止した状態のシリンダーから燃料噴射とプラグ点火を実施し、次の瞬間には圧縮行程シリンダーへ燃料噴射した後、最適なタイミングでプラグ点火する。その後、吸入行程にあったシリンダー、排気行程だったシリンダーも吸入圧縮行程へと進むことで燃料噴射、プラグ点火する。始動時には等間隔で燃料噴射とプラグ点火を実施していないことが分かる。

向にある。

　また再始動の際に電池が電圧降下することでオーディオやカーナビの電源が落ちてリセットされないように、アイドリングストップ専用の始動用サブ電池を搭載したり、電圧を維持するためのDC/DCコンバーターを採用しているメーカーもある（**図9**）。

　従来型より位置検出が緻密な逆転検知型クランク角センサーの採用も増えている。単純な磁気検知型のセンサーでは回転方向までは検知できないため、最低でもクランクシャフトが2回転しなければ確実なクランク角度は検知出来なかった。逆転検知型を使うことで1回転すればクランクの正確な角度が分かり、燃料噴射のタイミングを素早く検出でき、始動の所要時間を短縮できる。

　アイドリングストップ機構搭載車であっても、交差点で停止すれば必ずエンジンを停止させる訳ではない。電池の電圧が十分であること、エアコンの作動状況などの条件を

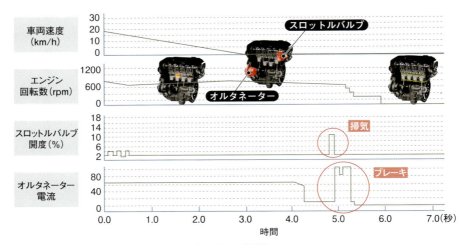

図8 マツダi-stopのスロットルバルブ及び発電機制御
車体が停止し、アイドリングを停止させるとオルタネーターへのフィールド電流は一度カットされる。その後スロットルバルブを開閉して掃気を行い、再びオルタネーターにフィールド電流を供給して発電抵抗を発生させてブレーキとして作用させることで任意のクランク角の範囲内でエンジンを停止させる。

クリアしていることが前提になる。

ただし、複雑な制御を行う車種の場合、エアコン使用中であってもエンジンの作動を停止させ、設定温度との温度差や冷媒の圧力低下により自動的にエンジンを再始動させるものもある。

右左折のための一時停止の場合、アイドリングストップが作動してしまうと発進操作が遅れるなど危険な場合も考えられるため、ステアリングに舵角が与えられている場合にはアイドリングストップ機構が作動しないようにしているメーカーも多い。また自動車メーカーによっては、ドアやシートベルトの装着状態やフロントフードの開閉状態によってもアイドリングストップの作動をキャンセルさせる。このように安全性については十分に対策されることによってアイドリングストップ機構は導入されているのである。

アイドリングを停止するということはブレーキの負圧式ブースターも機能しなくなるため、坂道などではブレーキペダルを緩めてエンジンを始動させても、トルクコンバーターによるクリープが発生するまでの間にクルマが後退してしまう可能性がある。そのためブレーキの油圧を保持するようヒルスタートアシストを活用している（**図10**）。それでも一定以上の傾斜角がある停車では安全上アイドリングストップを機能させず、ス

第2章／ハイブリッドシステム

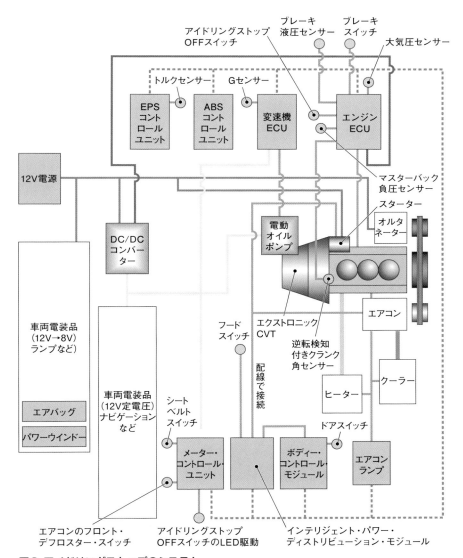

図9 アイドリングストップのシステム

日産自動車「マーチ」に搭載されているアイドリングストップ機構の概略図。専用ECUではなく、エンジンECUでシステムを制御する。ブレーキペダルスイッチに加え、ブレーキ液圧センサーでペダル踏力を判断する。変速機のECUの加速度センサーにより停止時の傾斜を判断し、EPS（電動パワーステアリング）のトルクセンサーによりステアリングに入力があれば、エンジンを始動する。CVTには油圧を維持するための電動オイルポンプのほか、ロック機構を設け、傾斜路面での後退などを防いでいる。エンジン始動時の電圧降下を防ぐためDC/DCコンバーターを備えている。

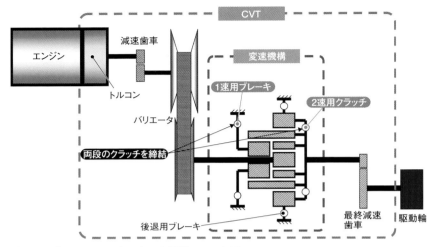

図10 日産マーチのヒルスタート機能システム図
アイドリングストップ中のCVTの内部油圧は電動オイルポンプでカバーし、クリープが失われ坂道で後退する危険については、CVT内部の副変速機1速2速クラッチを同時に締結して内部をロックすることで、ヒルスタート機構として利用している。

テップATやCVT（無段変速機）のクリープを発生させるようになっている。

　電池の性能確保はアイドリングストップの機能を発揮させるには重要な要素である。補助用のリチウムイオン電池を装備したり、アイドリングストップに適した特性の鉛酸電池を採用しているメーカーもある。欧州車では、ガラス繊維に電池液を含侵させ充放電特性を向上させた「AGM（Absorbent Glass Mat）タイプ」の鉛蓄電池を搭載することで充放電の効率アップを図っているところも多い。

エンジン停止の影響を最小限に抑える

　エアコン駆動のためにエンジンをどれだけ停止できるかも、今後のアイドリングストップにとって実際の燃費削減を図る有効な手段となる。エバポレーターのフィンの周囲に蓄冷材を仕込み、エアコンのコンプレッサーの回転が止まっても、送風することで冷風を送り続けられるのがスズキの「エコクール」だが、その効果は限定的なものとなる。

　ドイツBosch社はアイドリングストップのシステムにハイブリッド車が使用している電動コンプレッサーを使ったエアコンを提案している。アイドリングの休止時間が長いほど、燃費向上効果は高まるが冬季や夏季はエアコン駆動のため長時間のアイドリング

ストップが難しいという問題があった。

　発進を素早くするためにはステップATの変速機構を動作させておく必要もある。遊星ギアを締結させるクラッチやブレーキには油圧が欠かせない。従来であればエンジン始動後に機械式ポンプによる油圧の高まりを待つ必要があったが、マツダのi-stopではAT内部の油圧保持のため、機械式のオイルポンプと電動オイルポンプを使い分けている。

　アイドリングストップ中の油圧低下が問題になるのはCVTについても同様で、動力を伝達するためプーリーでベルトを締め付けるための油圧が欠かせないことから、電動ポンプによりアイドリングストップ中も油圧を供給しているメーカーは多い。

油圧の保持が必要に

　ダイハツ工業はプーリーの油圧経路の密閉構造を見直すことで電動ポンプを不要にした（**図11**）。プーリーの締め付け圧力を軽減して低圧化すると共にオイルシールを弾力のあるOリングで押さえつけることにより、フリクションロスを抑えながら油圧低下を防ぐ。日産自動車はCVTの副変速機の両段クラッチを締結することで遊星ギア機構をロックさせ、油圧が低い状態でも車体が動くことを防ぎ、エンジンの始動性向上と合わせて発進までのタイムラグを削減している。

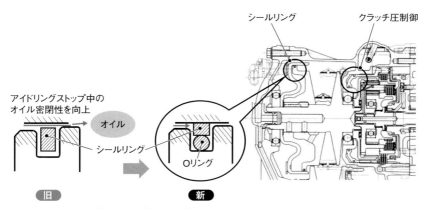

図11　ダイハツ工業のムーブのCVT断面図
ベルトにプーリーを押し付けている油圧室のオイルシールをOリングとの二重構造とすることで、Oリングの弾力で油の流出を防いでエンジン停止中の油圧低下を抑えている。これによりアイドリングストップ中に油圧を維持するための電動オイルポンプを不要とした。

図12 ZF社のAT油圧アキュムレーター「HIS」
ATの底部、制御を行うバルブボディーの後部にアキュムレーターを組み込む。内部にはスプリングに押し付けられたピストンがあり、走行中の油圧でピストンを押し戻してオイルを蓄える。アイドリングストップからの再始動時にはロックしていたピストンを解放して、スプリングの反力で油圧を発生させる。

　ドイツの自動車メーカーの多くが採用する、駆動系主体の部品メーカーのZF社では、内部に高圧のオイルを蓄えられる独自の機構「HIS（Hydraulic Impuls Storage）」を開発している（**図12**）。オイルポンプで作った油圧を貯めておくことで、アイドリングストップからの再始動の際にオイルポンプによる油圧の高まりを待つより速く、油圧経路に高い油圧を供給することで発進を可能にする。

　従来の機械式ポンプだけで油圧を供給した場合は発進までおよそ0.8秒かかるのに比べ、AT単体では0.35秒での発進を実現している。エンジン自体のアイドリングストップからの始動時間は0.4秒以上かかることから、ATによるタイムロスはこれによって解消されている。

第3章

変速機

1 DCT（デュアル・クラッチ・トランスミッション）

２系統クラッチで迅速に変速
低燃費と走りの楽しさ両立

エンジンの駆動力を負荷に応じて適切にタイヤに伝えるのが変速機だ。MT（手動変速機）から、AT（自動変速機）やCVT（無段変速機）などに進化してきた。最近増えているのが伝達効率の高いMTをベースに制御を自動化するDCT（デュアル・クラッチ・トランスミッション）だ。

変速機は、運転者がクラッチペダルとシフトレバーで操作して変速させるMTと、アクセル操作だけで自動的に変速してくれるATに大別できる。いまや圧倒的にATが主流だが、そんなATの中にも遊星歯車を使い、トルクの伝達経路を変えて変速する遊星歯車式AT、プーリーと金属ベルトで減速比を無段階に調整できるCVT、二つのクラッチを内蔵して奇数段と偶数段を交互に切り替えることで変速するDCTがある（表、図1）。

変速機がないとクルマは走れない

クルマを変速機なしで走らせることは難しい。エンジンは幅広い回転数域で稼働するものの、効率の良い回転数域はある程度限られることになる。また発進時や加速時、登坂時など負荷の大きな時には駆動トルクを増幅するために減速比が大きい変速段（ローギア）が必要となる。

一方、平地での巡航時には燃費を高めるためにエンジン回転数を抑えたい。このため減速比の小さい変速段（ハイギア）が必要になる。

エンジンの回転方向は決まっているため、後進時にタイヤを逆回転させる機構も必要になる。変速機にはクラッチがあることで、状況に応じてエンジンと歯車を切り離し、スムーズに変速することが可能になる。

変速機の性能で求められるのは、減速比のワイドレンジ化（変速比幅の拡大）と伝達

表 変速機の比較

変速機の種類	クラッチの種類	変速の仕組み	長所	短所
DCT（デュアル・クラッチ・トランスミッション）	2系統のクラッチを使う	油圧や電動でシフターを自動制御し、歯車と入力軸を噛み合わせて変速。二つのクラッチを交互に使い、迅速でスムーズに変速	ATと同じ操作で、ダイレクト感の高い走りと低燃費を実現。クラッチを連続的に切り替えるため変速はシームレスで快適	前後進の切り返しやゆっくりと発進停止するような動作では、スムーズさを実現するのは難しい
MT（手動変速機）	1系統のクラッチを使う。運転者がペダルでクラッチを操作する	運転者がシフトレバーを操作し、その力で歯車とスリーブを噛み合わせて変速。変速時にはクラッチを切り、駆動力の伝達が途切れる	簡素な構造で軽量、低コスト。低抵抗であるためダイレクト感、燃費性能に優れる	発進や変速をスムーズに行なうためには運転者に高い操作技術が求められる
遊星歯車式AT（自動変速機）	クラッチの代わりにトルクコンバーターを使う	遊星歯車の各歯車にあるクラッチを油圧で断続し、歯車の回り方を変えて変速。クラッチの切り替えを連続的に行なうことによりシームレスなシフトを実現	電子制御により各歯車のクラッチをスムーズかつシームレスに変速させる。幅広い運転者層に快適な走りと高燃費をもたらす	多段化による複雑化、質量増、損失増加、コスト高など。走行条件によっては燃費悪化の可能性も
CVT（無段変速機）		プーリーとベルトを使い、プーリーの幅を変化させることで連続的に減速比を変化させるため、無段階な変速が可能	減速比の変化幅が大きい。常にエンジン回転数に合わせた変速比を設定できるため、低燃費で済む	加速感が曖昧で、運転者の感覚とのズレが生じる。実燃費では走り方次第で燃費が大きく悪化することも

効率の向上（損失の低減）の二つがある。前者が進むと、発進時により低い変速段を使って加速性能を向上させるとともに、高速走行時にエンジン回転数を下げて燃費を良くすることができる。

ワイドレンジ化に向けて、ATは多段化、CVTも副変速機などを備えてきているが、ATは多段化することで構造はより複雑になり、摩擦損失も増加する問題がある。

またCVTはワイドレンジ化によりエンジン回転数を抑えられる反面、プーリーとベルトを押さえつけるために発生させる油圧による駆動損失など伝達効率の低さが実用燃費の伸び悩みの原因となることもある。ATやCVTはワイドレンジ化が進んでいるが、伝達効率の向上という点では、部品同士の摩擦損失や油圧ポンプの駆動損失など構造上、制約がある。

最も伝達効率に優れているのはシンプルな構造であるため摩擦損失が少なく、油圧を発生させるための損失もないMTである。MTの伝達効率の高さに、ATの効率的な変速性能を組み合わせた変速機がDCTである。エンジンの力をロス無く伝え、ATのよう

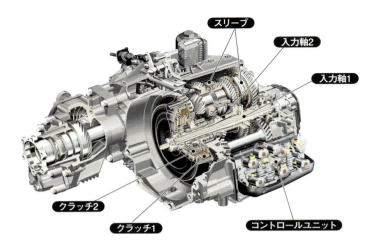

DCT（デュアル・クラッチ・トランスミッション）
伝達効率に優れたMT（手動変速機）の構造をベースに、クラッチと入力軸を2系統に増やすことで迅速に変速できる。

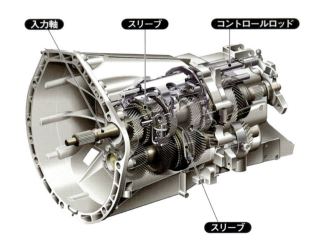

MT（手動変速機）
簡素な構造だけに損失が少なく伝達効率に優れるが、手動制御であるため運転技術が要求される。

図1 変速機の種類

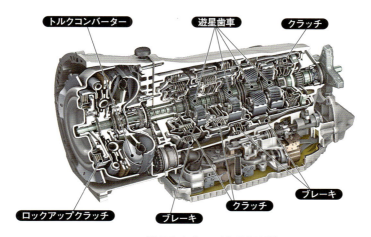

遊星歯車式AT（自動変速機）
クラッチの代わりにトルクコンバーターを使うことで、発進と停止がスムーズ。上級セダン向き。多段化が進んでいる。

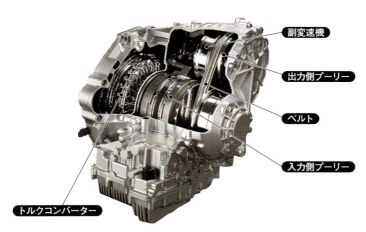

CVT（無段変速機）
AT同様クラッチの代わりにトルクコンバーターを使う。ATとの違いは減速機構が歯車ではなく、プーリーとベルト（もしくはチェーン）で無段階に変速できる点。軽量な小型車向き。

図1　変速機の種類（つづき）

に簡単な操作で運転できる。

　しかも次の変速段へシフトする際には、ATのように変速前と後の両方の入力軸のクラッチを滑らせながら切り替えることでスムーズな変速を実現する。

　DCTは、駆動力が途切れないことで継ぎ目を感じさせない変速が可能になる。変速時に駆動力が途切れると車速が下がるため、再加速するために余計なエネルギーが必要になる。DCTはこれが少ないため、燃費性能も向上する。

　アクセルとブレーキの2ペダルで済んで、変速は自動かつスムーズとなれば、DCTは遊星歯車式ATと同じような構造なのではないか、という疑問が当然起きてくる。この点について考えてみよう。

DCTはATではないのか？

　DCTとATを分ける決定的な違い、それは変速のメカニズムにある。DCTの内部機構はMTをベースにしているため、DCTとATの違いは、MTとATの違いを見ると分かりやすい。

　MTはすべての歯車同士が常に噛み合っていて、駆動輪に動力を伝える側の軸と歯車の噛み合いを切り替えることで変速する。つまり入力軸と歯車はスプラインにより完全に噛み合う。この機械的な結合こそが、MTの特徴である。

　ATは遊星歯車の回り方を油圧で駆動する多板クラッチで切り替える。MTはシンプルに歯車の噛み合いを利用した機械的な変速機であるのに対し、ATは構造上、駆動力の伝達にも油圧が不可欠なのである。シンプルで効率の良いMTを進化させて、自動変速を実現させたのがDCTだ。

　そもそもDCTは耐久レース用の変速機として誕生した。これは加速のタイムロスを減らすことで速さと燃費を向上することを狙ったものだった。そこで伝達効率の高いMTを2ペダル化し、制御を高度化することで乗用車に使える変速機として開発されたのが、今日のDCTということになる。

機械的損失から見た変速機の効率

　MTは機械的に噛み合っている変速機であるから、伝達効率は理論上100％であるはずだ。しかし実際には歯車の噛み合い抵抗や摩擦損失、クラッチの損失などもあり、伝

達効率は95〜98％程度といわれている。しかも変速時には駆動力が完全に遮断されて加速は断続的になるため、実際の走行ではさらに効率は落ちることになる。

もっともこの場合、効率の低下よりも断続加速によるギクシャク感が乗員を不快にさせることの方が問題だ。運転者にとって運転するハードルがまず高いこと、これが日本においてMTの普及率が低下していった理由である。

ATはトルクコンバーターの損失が大きいが、発進時以外はロックアップすることで損失を大幅に抑えることができる。残りはMTよりも大きい遊星歯車の噛み合い損失や各ギアの湿式クラッチの引きずり抵抗、油圧ポンプの駆動損失などだ。

多段化により損失は増加することになるが、エンジン回転を低く抑える効果や、損失を抑える改良などでかなり効率を高めており、現在のところ高効率なATの場合、効率は90％前後と言われている。

CVTは油圧の駆動損失がある

CVTは前述の通り、駆動力に負けずにプーリーの位置を保持してベルトをしっかりと挟み込むために、高い油圧が必要となるため、油圧ポンプの駆動損失が大きい。

さらにベルトは滑りを伴いながらプーリーとの接触と離脱を繰り返しているため、どうしても損失は大きくなる。ピン部分だけをプーリーと接触させ、引っ張り強度にも優れたチェーン型ベルトを採用したCVTなど高効率な伝達をする工夫もされているが、トータルでの効率ではDCTやATに比べ劣るのは避けられない。

ただし、減速比を任意に設定できるので、エンジン回転数を最も効率の良い領域で運転することで、燃費を向上しやすい。

DCTはMTの歯車機構を使うため、駆動損失は少ないが、それでも自動変速の油圧発生用ポンプの駆動損失や湿式クラッチを搭載している場合の引きずり抵抗などを総合すると、効率は87〜91％と言われている（**図2**）。

しかし実際には変速時の駆動の途切れがないことなど、MTよりも効率が良い部分もあり、ドライバーの運転スキルによる影響も少ないので、燃費はMTよりも向上するケースが多い。このためDCTこそ市販車に最適な変速機という考えが広がっている。

MT自体の構造はすでに100年近く使われ続けているもので、変速時に歯車と入力軸の回転差を整えてスムーズなシフトを実現するシンクロナイザーなど、細かな部品レベ

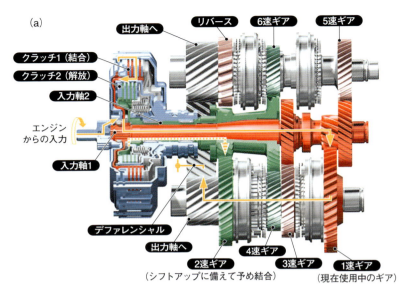

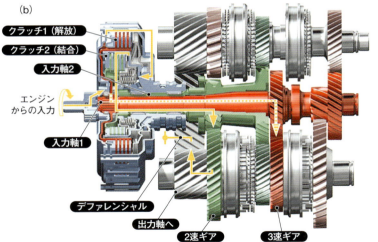

図2 DCTの変速機構
(a) 1速で走行している状態。クラッチ1が結合しているときには、エンジンからの入力が入力軸1に伝達される。入力軸1は1速ギアと噛み合い、エンジン駆動力を出力軸に伝える。この状態でも次のシフトアップ（クラッチ2が結合）に備えて、入力軸2と2速ギアはあらかじめ噛み合っている。クラッチ2が結合した瞬間に2速ギアが動き出す。シフトアップの間のエンジンの駆動ロスを少なくできる。(b) シフトアップして2速ギアになった状態。クラッチ1は解放されて、エンジンからの入力は入力軸2に伝わる。

ルでの改良を除けば、各メーカーとも同様の構造を用いている。

DCTにおけるメカニズムの種類

DCTについてもギアや入力軸を組み合わせることで変速を実現する構造はMTと同じく、メーカーによる違いはほとんどない。変速機が横置きか縦置きであるか、クラッチが湿式か乾式か、クラッチの配列が同心であるかタンデム配置か、ということが構造上の違いになる（**図3**、**図4**）。

二つのクラッチを同心に配置するのは、主に横置き変速機で全長を押さえるための措置だ。一方、タンデム配置とするのは主に縦置き型で、クラッチ径を抑えて変速機の高さを抑えることができる。またフライホイールの外径も抑えることで慣性モーメントによる抵抗を軽減することもできる。

DCTにおいて、主流となっているのは湿式のクラッチである（**図5**）。その理由は、クラッチ室内部もオイルを循環させることにより、クラッチの断続がスムーズにできやすいこと、クラッチの摩擦熱をオイルで冷却できるため耐久性に優れるからだ。

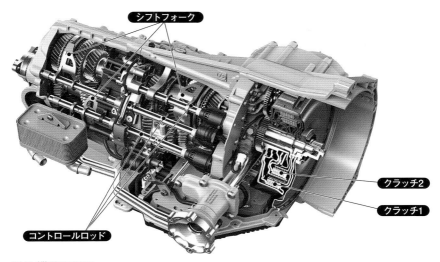

図3 縦置きDCT
奇数段のクラッチと偶数段のクラッチの二つがある。MTの構造そのままのギアユニットを電子制御により自動化しているのが分かる。各コントロールロッドに組み込まれたソレノイドバルブがシフトフォークを動かし、油圧で制御する湿式多板クラッチと連携して俊敏な変速を実現している。写真はドイツPorsche社のDCT「PDK」。

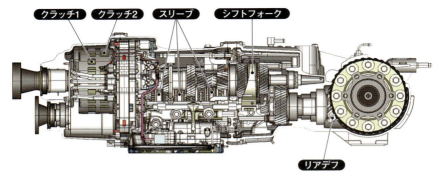

図4 リアデフと一体化したDCT
フルタイム4WD（4輪駆動）対応のためにリアデフと一体化したDCT。Porsche社のDCT「PDK」のクラッチが径の異なるクラッチを径方向に1枚に並べる同心型なのに対して、図（日産GT-R）のクラッチは径が同じものを軸方向に並列に配置するタンデム型だ。変速機構の構成はPorsche社のものと基本的には変わらない。

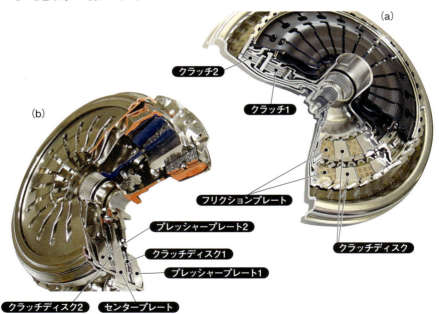

図5 湿式クラッチと乾式クラッチ
（a）湿式クラッチ。クラッチはオイルに浸った状態となっており、エンジンとの断続がスムーズで冷却性にも優れる。（b）乾式クラッチ。同心にすると内側クラッチの冷却性を確保するのが難しいため、タンデム配置が基本。湿式はオイルのせん断抵抗があるため多板式が使えるが、乾式は冷却性に加え静粛性の問題もあり単板式に限られる。多板クラッチは入力側のクラッチプレートと出力側のフリクションディスクとを交互に重ね合わせ、全体を開放もしくは圧着することで断続する。

湿式にすることでオイルのせん断抵抗が発生し、クラッチを離した状態でも引きずり抵抗が発生することになる。ただし、二重のクラッチ構造は同一方向に回転しており、走行中は回転差こそあれ、どちらのクラッチも回転しているので、損失はそれほど大きくはないといえる。

一部のDCTに採用されている乾式クラッチは、オイルのせん断抵抗がなく、完全に切り離されるため、湿式クラッチよりも損失は少ない。また摩擦係数が高いので、クラッチ自体の伝達ロスがより少ないのもメリットだ。しかしクラッチの耐熱性を確保することが難しいため、一般的には小排気量エンジン向きの機構となっている。

DCTの変速が滑らかでも、運転者のイメージする反応とかけ離れていては肝心のダイレクト感も単なるシフトショックとしか感じられない。

迅速な変速を実現

DCTが、MTに比べて迅速な変速を実現できるのは、シフトのプロセスを変えることで、シフト時の動作を簡素化していることも大きい。アクセルを踏み込んで加速していく時、DCTのECU（電子制御ユニット）はシフトアップに備えて次の変速段の歯車を入力軸と連結させてスタンバイしており、アクセルの踏み込み具合などで負荷を判断し、クラッチを切り替えるだけで変速を完了させるのだ。

もちろんアクセルペダルを大きく踏み込んだ際には、その時点の速度やエンジン回転数、変速段数などから適切なシフトダウンを実行し、エンジンと協調制御する。運転者が手動操作で変速する場合には、指定の変速にシフトしてエンジン回転を変化させてクラッチをつなぐという一連の動作により、作動時間が多めにかかることになる。ただし、熟練した運転者がMTを操作する場合と比べても、DCTは迅速に変速できる。

F1はAMTを採用

話は変わるが、F1マシンにはDCTは採用されていない。従来のMTを自動変速化させ、その作動速度を極限まで高めているため、構造が複雑で質量面でも不利になるDCTを採用するメリットはないからだ（**図6**）。このように異なる方向から自動変速と効率化を追求した変速機は、量産車には数多く見られる。

既存のMTのシフトとクラッチの操作をロボット化し、2ペダルの自動変速機（AMT）

図6 AMT（自動MT）
Daimler社の小型車「smart fortwo」の変速機。小型の5速MTにモーターを組み込み、クラッチと変速操作を自動制御している。(a) クラッチはモーターによるギア駆動で制御。(b) 変速は歯車と入力軸をスリーブにより締結しながらも一般的な4輪用MTではなく、AMTとして専用設計されているためシフトドラムをステッピングモーターで駆動するシーケンシャルミッションになっている。

とするケースは、1970年代から幾度も試みられてきた。ATよりも伝達効率が良く、シンプルで故障も少ないというのはメリットだが、あらゆる走行条件で変速操作をスムーズに行なうのは難しい。

　ゴー・ストップの多い日本の交通事情では受け入れられないが、欧州では小型車を中心に依然としてAMTの採用例は多い。シンプルな構造で生産コストも低く、伝達効率に優れることから燃費（＝CO_2排出量）の削減でもメリットは大きいからだ。

　大型トラックやバスなどの商用車では、伝達トルクの大きさからDCTを採用することは難しく、乗用車ほどシフトの応答性や市街地での快適性を求められることもないため、AMTを採用するケースが多い。自動変速に加えて、副変速機構を備えることで、手動では難しい12段変速などの超多段化を実現している。

　イタリアFerrari社は1994年から市販車にパドルシフト型のAMTを搭載してきたが、最近はより制御が容易でシフトもスムーズなDCTを採用している。ドイツBMW社も「SMG」と呼ぶAMTを1997年から導入していたが、現在はDCTにその役割を譲っている。

DCTだけでなくATも伝達効率向上

一方、既存のATを熟成させることでスポーツ性能と伝達効率を向上させている例もある。マツダの新世代AT「SKYACTIV-DRIVE」は損失の低減と、シフトの反応速度を高めることで、燃費とスポーツ性能の両面を磨き上げることに成功した（**図7**）。

欧州の燃費評価基準（NEDCモード）では走行の全領域の90%以上という高ロックアップ率とMTモードでのダイレクト感を実現した。

BMW社やトヨタ自動車は、縦置きATを8速化することで、スポーツ性能と環境性能を両立した変速機としている。またドイツZF社は縦置きだけでなく、横置き変速機でも9速ATを実用化し、省燃費と走行性能を両立させている（**図8**）。

ドイツDaimler社「AMG」ブランドのAT「スピードシフトMCT」は、ATをベースとしながらもトルクコンバーターを廃止して、それを湿式多板クラッチに代えることで、MT並みのダイレクト感と伝達効率を追求したユニークな変速機である（**図9**）。

ATからの置き換えが容易であるほか、メインの動力断続クラッチと各変速段のクラ

図7 マツダの新世代AT「SKYACTIV-DRIVE」
既存の遊星歯車ATを磨き上げて、DCTに匹敵する伝達効率、ダイレクト感の高い俊敏な応答性を実現した。薄型のトルクコンバーターに大容量のロックアップクラッチを組み合わせている。遊星歯車機構のクラッチ容量も従来より大きい。

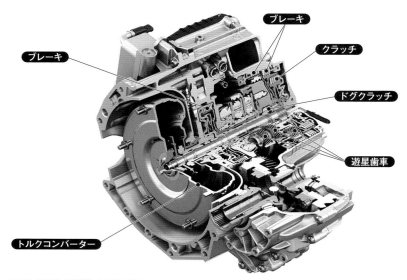

図8 ZF社の横置き9速AT
横幅の長さと内部損失を抑えるよう工夫した。特徴的なのは二重構造の遊星歯車機構と、多板クラッチに比べサイズを抑えられるドグクラッチの採用だ。ドグクラッチは、遊星歯車中心部だけでなく、ブレーキ部中心にも組み込まれている。

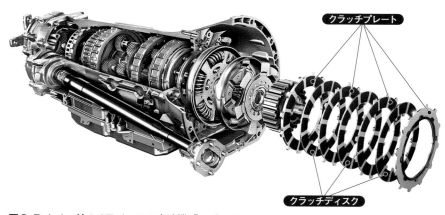

図9 Daimler社のATベースの変速機「スピードシフトMCT」
「メルセデスベンツ」ブランドの高性能モデルであるAMGブランドの一部で採用している。トルクコンバーターの代わりに多板クラッチを使用。クラッチの摩材にカーボンファイバーを使用し、耐摩擦性を高めるだけでなく、プレートとクラッチの片面に配置することで冷却性を高めている。

ッチを協調して制御することにより滑らかな変速を実現できるのは、DCTにはない特徴といえるだろう。ただしコスト高や各歯車の引きずり抵抗などMTベースのDCTと比べ、不利となる点があるのは否めない。

変速機の進む道

　変速機は自動車メーカーによる内製もあるが、駆動系専門メーカーからの納入、あるいは共同開発によって市販車に搭載されているケースが多い。それは歯車やクラッチなどの生産技術や制御などにノウハウがあることや、生産設備の確保によるコスト面での優位性によるところが大きい。変速機を生産する部品メーカーは自らの得意分野を生かして、エンジンの環境性能をさらに引き出す変速機を開発し、自動車メーカーとともに発展していくことを目指している。

　変速機は、今後もエンジンの能力を最大限に活かすために、効率を追求しつつ快適性を高めていくはずだ。つまり、より精密なセンサーや繊細で迅速な反応を実現する駆動機構、制御プログラムの進化が求められ続けていくことになる。

2　CVT（無段変速機）

横置きはベルト
縦置きはチェーンで最適化

変速時に駆動力が途切れず、連続的な変速を実現できるCVT（無段変速機）。変速比幅（減速比の上限/下限）を大きくしやすいため、巡航時の燃費性能に優れる特徴がある。MT（手動変速機）やAT（自動変速機）との差異化を狙った進化の方向性も見えてきた。

　CVTは、変速操作を連続的に実現することを目指した変速機構である。一般的なCVTはベルト式と呼ばれるもので、プーリーとベルトから成る。ベルトの巻きかけ半径を変化させることにより、減速比を変える仕組みだ。ベルトがかかる位置は、プーリーの幅を変化させることで変えられる。

　CVTの発想自体は古く、20世紀の初頭には現在と同様の機構となる無段変速機が開発されている。だが、ベルトがゴム製だったため小型自動車やスクーター用の変速機として利用されるに留まっていた。その後、金属コマをスチールベルトで束ねたベルトが1970年代に考案され、高出力な乗用車にも搭載が可能になった。

CVTならではの滑らかさ

　CVTを含む変速機は、エンジンの駆動力や回転数を効率的に変換することで燃費性能を改善する効果を得られる。エンジンから伝えられる回転数を変化させることは、トルクを増減することになる。負荷の大きさに合わせてトルクを増減することで、損失の少ない走行を実現するわけだ。

　往復機関であるレシプロエンジンには、燃焼効率の高い回転数域が存在する。その領域に速度域を合わせるのも変速機の役割の一つだ。低負荷時にはできるだけ回転数を下げて燃費を改善する。

表1 MTとAT、CVTの比較

変速機の種類	MT（DCTを含む）	ステップ式AT	CVT
メカニズムの特徴	1対の歯車の組み合わせを段ごとに変更することにより変速。変速時にはクラッチにより駆動力の断続を行なう	遊星歯車機構の制御を変更することにより変速。歯車それぞれに多板クラッチを与え、変速時には徐々に切り替えることにより、スムーズな変速を実現	1対のプーリーに金属ベルトを渡し、プーリーの幅を変化させることにより、ベルトの巻きかけ半径を変化させて減速比を連続的に変化させる
メリット	損失が少ないため97％前後と駆動効率は極めて高い（湿式クラッチを採用したDCTの場合は効率がやや低下する）。DCTの場合はほぼ連続的な変速を実現	多段化しても運転操作が複雑にならない。多板クラッチをスムーズに切り替えることで自動で変速できるようにした。駆動損失も少なめ。変速は副変速機的に利用できるため多段化に有利	構造がシンプルで軽量。変速時に駆動力が途切れない連続的な変速を実現。変速比が大きく、巡航時の燃費性能が高い
デメリット	通常のMTの場合、運転者の技術によりスムーズな走行、およびクラッチの寿命などに差が出る。多段化する場合、ギアユニットの数がその分増えるのでサイズや質量がかさむ	自動変速の内部構造は複雑。多段化することにより構造はより複雑になる。質量増やコスト高を招く	摩擦により駆動力を伝えるため、歯車より損失は大きい。ベルトを挟み込むために高い油圧が必要になる。停止直前には、発進時に備えて減速比を大きくしておく必要がある

　変速機には、構造から見て大きく3種類ある（**表1**）。今回解説するCVTと、MTおよびATだ。

　一般に変速機は歯車機構を用いており、噛み合わせる歯車の組み合わせによって減速比が決まってくる。MTは、1対の歯車の組み合わせを段ごとに変更することで変速する。変速時の損失が少ない一方で、操作のスムーズさは運転者の技量に大きく左右される。

　ATは、遊星歯車機構を設けて電子制御することで、スムーズな加速と高速巡航時などの低回転化の両立を図ったものである。電子制御による滑らかな走りとロックアップクラッチや多段化で効率を高めたことから、ステップ式ATは変速機の主流となった。進化の方向性としては、ステップ比を大きくしすぎず変速段数を増やして変速比のワイドレンジ化を図っている。

　これらに対してCVTは、1対のプーリーに金属ベルトを渡し、減速比を連続的に変化させる（**図1**）。この方式のメリットはまず、構造がシンプルで軽量なことが挙げられる。変速時に駆動力が途切れない滑らかな変速を実現できることも大きい。さらに、変速比幅（減速比の上限/下限）を大きくしやすいため、巡航時の燃費性能に優れる。

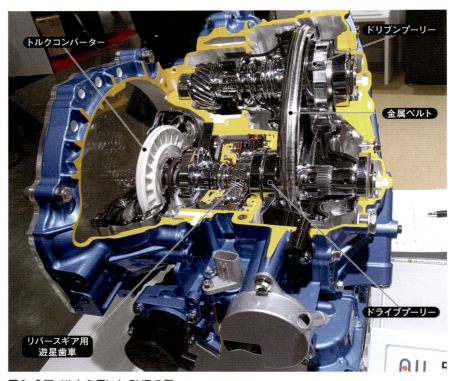

図1 金属ベルトを用いたCVTの例
アイシン・エイ・ダブリュのCVT。ベルトは金属板から打ち抜かれたコマを数百枚重ね、両側から薄い鋼板の輪を重ねたもので挟む。プーリーはドライブ側の幅を油圧で変化させることで、ベルトに引っ張られる形でドリブン側のプーリー幅が変化する。

機構としての矛盾を技術でカバー

　MTやステップ式AT、DCT（デュアル・クラッチ・トランスミッション）が変速比を大きくするには変速段数を増やさなければならず、構造が複雑で質量も増えてしまう。これに対し、CVTはプーリー外径を大きくしたり、プーリー幅の変動域を拡大させたりするだけで変速比を大きくできる。構造がシンプルで軽量な上に、連続的な変速を実現できる。小型車を中心に、発進加速と巡航時の燃費追求のために搭載されてきた。

　一方のデメリットは、駆動効率が85％程度と低いことだ。MTやステップ式ATと比べると見劣りする。CVTはプーリーのシーブ（滑車）面とベルト側面の摩擦により駆動

力を伝えている。そのためシーブ面でベルトをしっかりと挟み込んで滑りを押えなければならない。

ベルトがプーリーに挟み込まれる際、またプーリーから離れる際にも滑りは避けられない。このため、ベルトによる駆動力の伝達をする一方で、接触による摩擦から摩耗や焼き付きを防ぐための潤滑を行なわなければならないという矛盾を抱えている機構である。

さらに、MTやステップ式ATの変速は歯車を切り替えて行うのに対し、CVTは駆動力を伝えるベルトの巻きかけ半径を変化させるため、変速時には滑りを伴いながら巻きかけ半径を変化させていくことになる。ベルトを押さえ込むための高い油圧を必要とするのも損失が大きい原因だ。

損失に加えて、CVTが抱えるもう一つの問題点は騒音である。CVTは構造上、金属コマやチェーンがプーリーとの接触と乖離を繰り返すため、音の発生が避けられない。また停止直前には巻きかけ半径を変化させ、減速比を高めておく必要があるため、ベルトの回転数が高まり騒音も大きくなる。

後に述べる加速の違和感もあって、欧米では自動車用変速機としての需要は低いのが現状となっている。

主流は金属ベルト式

CVTは、構造の違いで「金属ベルト式」「チェーン式」「トロイダル式」の3種類に大別できる（**表2**）。

金属ベルト式のCVTは、プーリーと、金属コマと薄板で構成したベルトを使い、プーリーで締め付けて駆動力を伝える。

プーリーはドライブ側の幅を油圧で変化させることで、ベルトに引っ張られる形でドリブン側のプーリー幅が変化する。これにより連続的に変速ができるだけでなく変速比を幅広くできる。

図1で示したのは、アイシン・エイ・ダブリュが開発した金属ベルト式のCVTである。ドライブプーリーの上流にある遊星歯車は、リバースギアの逆転に用いているもの。

金属コマを重ねて形成する関係上、屈曲性に限界がある。また、伝達トルクの容量を確保するためベルトの厚み方向に一定の厚さが必要となることもあって、プーリーの半

表2 CVTの種類

CVTの種類	金属ベルト式	チェーン式	トロイダル式
メカニズムの特徴	プーリーと、金属コマと薄板で構成したベルトを使い、プーリーで締め付け駆動力を伝達。金属コマは重なっているだけで、コマ同士が圧力によって押されることで駆動力を伝える	一つのリンクに何枚ものプレートを重ね合わせた幅広いチェーンとプーリーを組み合わせる。チェーンを引っ張る力で駆動力を伝える	鼓型に向き合った入力と出力のディスクに、角度が変わるパワーローラーが接することで駆動力を伝達。パワーローラーの角度を変えることで減速比を変える
メリット	シンプルな構造で大きな変速比を実現できる。変速比を大きくできるため、発進時は力強く、巡航時にはエンジンの低回転化を図れるため燃費性能に優れる	屈曲性の高いチェーンのため巻きかけ径を小さくすることができ、プーリーを小径にできる。チェーンの強度により、金属ベルト式に比べ、車重のあるクルマや高出力エンジンに対応しやすい	ディスク、プーリーとも球面同士の接触なので損失が少ない。ベルト式に比べると剛性が高いので、高いトルクにも耐える構造が可能。そのため加速感もスムーズで、疑似的に変速段数を設定してもダイレクト感に満ちている
デメリット	駆動損失が大きく、変速が滑らかすぎて緩慢な加速感になりやすい。ベルトの屈曲性は高くないため、プーリー径は大きくなりがち	チェーンとプーリーは点接触となるため、打音が発生しやすい	ディスクとローラーの加工に高い精度が要求される。そのため高コストとなる

径は大きくなりがちだ。このため、金属コマを用いたベルト式は、横置きエンジンとの組み合わせに適したCVTと言える。

縦置きに向くチェーン式

チェーン式のCVTは、一つのリンクに何枚ものプレートを重ね合わせた幅広いチェーンとプーリーを組み合わせる。縦置きエンジンを採用するドイツAudi社や富士重工業が使う事例が多い。屈曲性に優れるチェーンを用いるため、プーリー径を小さくできる。

ただし、チェーンを連結するピンの両端でプーリーと接触するため、打音によるノイズが発生しやすい（**図2**）。そこで剛性を変化させた複数種類のピンを混在させて騒音の周波数を分散させたり、減速時には油圧を下げたりして打音の軽減を図っている。

形状や制御の最適化だけでなく、素材面での改善も進められている。チェーンに用いる特殊鋼や専用オイルの開発により、耐久性や快適性、信頼性の向上が図られている。日本でCVTが普及したのは、こうした部材の開発が進められたことも大きい。ただし、チェーン式CVTに用いるチェーンにおいては、ドイツSchaeffler社の独占状態となっ

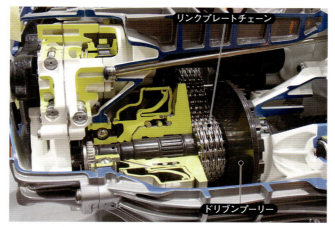

図2 チェーン式CVTの例
富士重工業のCVT。金属ベルトに比べて屈曲性に優れるリンクプレートチェーンを用いることで、プーリーを小径にした。ただしチェーンには引っ張り応力が発生するため、1コマ当たりの強度を確保する必要があるため幅広になる。

ている。

　先述した金属ベルト式のCVTのプーリーにトルクを伝達するのは金属コマを薄い鋼板で連ねたベルトだが、金属コマは独立しているため、圧縮力しか伝達できない。そのため駆動力の大半はコマを送る圧縮荷重で伝えられている。

　一方、チェーンは全体が結合しているが、リンクによりつながっているため、圧縮力に対しての抗力はない。そのため、引っ張り荷重でのみ駆動力を伝える。しかもチェーンは1コマに引っ張り荷重が集中することも想定できるため、何重も重ねた幅の広いコマを連結する必要がある。そのため横置きエンジンとの組み合わせでは幅がかさむため不利だ。現在のCVTが金属コマ式の横置き、チェーン式の縦置きと主に棲み分けられているのは、その構造上の理由だ。

消えかけたトロイダルCVT

　トロイダルCVTは、向き合う鼓型プーリーに角度を変化できるパワーローラーを組み合わせる。パワーローラーの角度で減速比を変える仕組みだ。ローラーとディスクの間には専用オイルが介在し、オイルが圧力により固体化することで摩擦力を発生させて

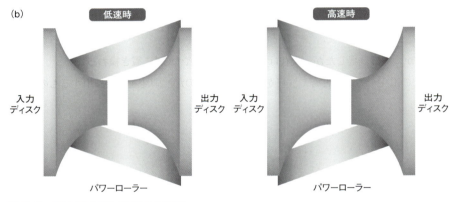

図3 ハーフトロイダルCVTの仕組み
(a) 日本精工のハーフトロイダルCVT向けの「パワースロットユニット」。(b) 入力側と出力側のディスクの間に摩擦によって駆動力を伝えるローラーがあり、このローラーの角度を変化させることで、入出力のディスクと接する位置が変わり、減速比が変化する。

いる。

　構造としては非常に効率が高い無段変速機だが、金属ベルトやチェーンに比べ高い精度が要求されるため、製造コストが大幅に高くなる。かつては日産自動車が日本精工や出光興産と開発に挑み、高級車に搭載した（**図3**）。1999年に日産の「セドリック」「グロリア」、2002年に「スカイライン」に積んで市販したが、1代限りで消えた。車種によっては100万円以上高かったことが短命の理由だったことは間違いない。

だが、日本精工はその後も開発を続けており、FF（前部エンジン・前輪駆動）車に積めるトロイダルCVTのバリエーターを発表している。

制御で加速感や快適性を向上

　1990年代から小型車に導入されてきたCVTは、効率よく加速するためにエンジン回転数を最大トルク付近に固定する仕様が多く見られた。減速比を徐々に低くする制御を採用することで、燃費を改善しようとしたからだ。しかしこれが加速感を緩慢にして、間延びした走行フィールを引き起こしてしまった。

　変速の制御を見直し、巻きかけ半径を固定する領域を増やしているのが最近の傾向である。これにより変速時にプーリー上をベルトが滑るために効率が低下することも抑えている。現在では、変速の制御をより自然なものに近付け、通常のATに非常に近い走行感を得るまでになっている。

　あえて減速比を固定した設定とし多段化を疑似的に設定したスポーティーなCVT搭載車もかつては登場したが、現在はステップ式ATやDCTに置き換わった。

　CVTの進化の方向性として注目を集めつつあるのが、副変速機を採用するものだ（図4）。プーリーの可動域を制限しつつ、変速比の拡大を図ると共にプーリー形状やベルト形状の最適化により、さらに駆動損失を抑えている。小型車やミニバンなどに搭載され、燃費性能を改善することに貢献している。

　現行のCVTはトルクコンバーターと組み合わされることでスムーズな発進を実現しているが、これも加速感の間延びしたフィールを助長する要因となっている。過去には磁性粉体による電磁クラッチを採用した車種もあったが、伝達トルクの容量に限界があるのと発進時のスムーズさを実現するのが難しく、トルクコンバーターと組み合わせる方式が主流となった。

　トルクコンバーターも発進時以外は、ロックアップクラッチを締結させることで、駆動損失を抑えて「ラバーバンド感」と言われる加速の間延びを軽減している。今後は、DCTのクラッチ制御技術を応用したシングルクラッチを組み合わせたCVTの登場も、可能性としては有り得るのではないか。

図4 副変速機を備えたCVTの例
ジヤトコのCVT。プーリーとベルトで減速した後に、遊星歯車機構で変速する。プーリー径を小型にしながら、より幅広い変速比を実現した。

3　ステップAT（自動変速機）

遊星歯車機構で変速
多段化と効率向上進む

ステップAT（自動変速機）の特徴は、遊星歯車機構を重ねて配置することで6速以上の変速を実現している点。小型車で採用が多いCVT（無段変速機）と同様、燃費や効率を追求しているが、ロックアップ領域の拡大などでスポーティーな走りも実現している。

　ステップATは、多板クラッチの切り替え制御で自動変速する変速機のことで、乗用車向けでは最も一般的な変速機である。現在のATとほぼ同じ構造を最初に採用したのは、1939年に登場した米GM社のHydra-Maticで、北米市場での需要がATの開発を後押ししてきた。

　遊星歯車機構（サンギア・遊星キャリア・リングギアの3系統）を用いて、1系統の歯車への入力に対して、ほかの2系統の歯車のどちらかを固定、あるいは開放することで変速する。歯車機構と多板クラッチを組み合わせて、油圧で直接変速操作できる構造は、複雑だが完成度は高い。

　過去にはMT（手動変速機）と同様に、平行軸歯車によるトルク伝達を切り替える構造のステップATが、ホンダやドイツDaimler社で採用されていた（**図1**）。平行軸歯車方式は、歯車の損失は少ないが、多段化を進めるにはその分、歯車を組み込む必要があることから、現在は廃れてしまった。

　エンジン本体がトルク特性や燃費性能を向上させたことから、トルクの増幅といった変速機本来の役割は相対的に低くなっている部分もあるが、変速機側も燃費や運転性能向上のための進化を続けている。

　車体側の改良による燃費改善効果も大きいが、今日のガソリンエンジン車の低燃費化はエンジンと変速機の両輪で実現されているのである。

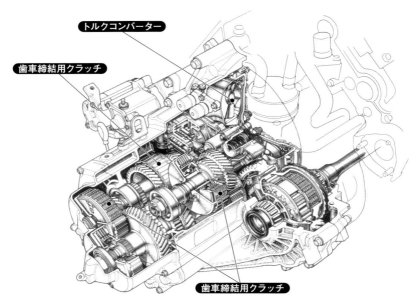

図1 ホンダが「NSX」に搭載していたAT「ホンダマチック」
平行軸歯車それぞれにクラッチを設け、変速時はクラッチの締結を切り替える構造。ギアの噛み合いによる損失は遊星歯車機構より低いなど優れた点もあるが、多段化には不利。現在は、遊星歯車式に置き換わったが、副変速機を組み合わせるなどして再登場する可能性もある。

現在、2ペダルのATとして実用化されている変速機は、ステップATのほか、DCT（デュアル・クラッチ・トランスミッション）、AMT（自動MT）、CVTがある。それぞれ構造上の特徴、利点、課題がある（**表**）。効率の面からいえばシンプルなMTこそ、最高の変速機であるが、実際の走行シーンや不特定多数の運転者が運転することを想定した場合、運転者の操作を受け入れる許容度の高さ、スムーズさにおいてはステップATにかなわない。それはDCTと比べても、まだ一日の長はある。

ステップATは主に、トルクコンバーターなどエンジンからの入力トルクを断続するクラッチ機構部、遊星歯車機構と多板クラッチによるギアトレーン機構部、変速やロックアップを制御するバルブボディーなどの制御部の三つに分けられる。

10速ATも登場

ステップATのメリットは、遊星歯車機構を使うことで、変速の制御機構を簡素化で

表 2 ペダルATの種類と構造上の特徴

変速機の種類	ステップAT（自動変速機）	CVT（無段変速機）	DCT（デュアル・クラッチ・トランスミッション）	AMT（自動MT）
構造の特徴	遊星歯車機構を制御することで変速する。機構の歯車に多板クラッチを配置し、クラッチのオンオフで段数を切り替え、スムーズな変速を実現する	1対のプーリーに金属ベルトを配置し、プーリーの幅を変化させることで、ベルトの巻きかけ半径を変化させ減速比を連続的に変化させる	MT同様、1対の歯車の組み合わせを各段ごとに変更することにより変速。偶数段、奇数段それぞれにクラッチを与え、クラッチを切り替えることで変速する	MTと同じ平行軸歯車を電子油圧制御により操作することで変速。クラッチもMTと同じ乾式単板を電子制御で断続させる
長所	多板クラッチをスムーズに切り替えることで切れ目のない変速を実現。トルクコンバーターのロックアップ領域を拡大することで駆動損失を抑えた（90％前後）	構造がシンプルで軽量。変速時に駆動力が途切れない切れ目のない変速を実現。変速比幅が大きく、巡航時の燃費性能が高い	MTと比べオイルポンプが必要な程度で損失が少ないため、駆動効率は極めて高い（乾式クラッチで95％前後、湿式クラッチで90％前後）。二つのクラッチの切り替えをスムーズに行うことで、ほぼ切れ目のない変速を実現	構造がシンプルで低コストかつ小型軽量。オイルポンプの損失も少なく、伝達効率はほぼMT並みを誇る（97％前後）。副変速機を搭載すれば、多段化を一気に実現できる
課題	変速機の中で、内部構造が最も複雑。さらに多段化が進んでおり、構造は複雑化している。そのため質量増やコスト高になっている	・摩擦で駆動力を伝えるため、歯車より駆動損失は大きい（85％前後）。 ・ベルトを挟み込むため、高い油圧が必要になる。停止直前には、発進時に備えて減速比を大きくしておく必要がある	湿式クラッチを採用したDCTは、油圧のための損失に加え、クラッチの滑り、引き摺り抵抗による損失が発生する。多段化する場合、歯車の増加とともに、容積や質量が増える	変速が緩慢でスムーズさに欠ける。その一方、変速の応答性を高めるとショックが大きくなる。スムーズに変速するためにはMT並みに運転者にスキルが要求される

きること（**図2**）。さらに遊星歯車機構により変速後の駆動力を再び後列の遊星歯車機構に入力する直列構造とすることで、乗数的に変速段数を増やせることだ。いわば変速機の後に追加する副変速機のような働きをさせているのである（実際の多段ATは、クラッチの締結の組み合せを複雑に変えることでステップ比の小さい変速を実現している）。

2000年代に入って乗用車のATは多段化が急速に進んだ。長い間、3速＋オーバードライブの「4速AT」が主流だったが「5速AT」を経て「6速AT」へと発展してきた。

今では6速以上のATが一般的となり、国産の中型車以下のクラスではCVTを採用するケースも多い。前述した通り、車体側で転がり抵抗や空気抵抗の軽減も図ったことで、高速巡航時のエンジン回転数を下げて燃費改善を図ることが可能となっている。これによりCVTの普及やATの多段化が急速に進んだ。現在ステップATは10速まで登場しており、今後もさらに多段化していく傾向にある。

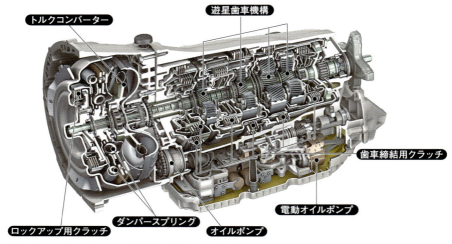

図2 ドイツDaimler社の9速AT「9G-TRONIC」
六つのクラッチで、四つの遊星歯車機構を切り替え、9段の変速を実現する。アイドリングストップ用に電動オイルポンプを備えるほか、オイルポンプをチェーン駆動としてオフセットすることにより大容量としている。

多段化の目的はいうまでもなく、変速比幅の拡大にある。CVTがプーリーの後ろに副変速機を備えて、大きな変速幅をより拡大しつつあるように、ステップATは多段化によって変速比幅を拡大させており、今やCVT以上の変速比幅を誇る。

DCTのようにMTをベースとしたAMTの場合、変速操作の際に歯車の噛み合いを変えるには、クラッチを切ってトルクを断絶し、フリーとなった状態で物理的にスリーブを動かし噛み合わせる必要がある。一方、遊星歯車機構の場合は多板クラッチへの油圧を切り替えるだけで変速が実現することだ。遊星歯車機構や油圧を制御するバルブボディーなどの設計や開発は複雑化するものの、変速機構の可動部は簡単な機構で済む。

課題はコスト

しかし、ステップATにも課題はある。遊星歯車機構は複雑で精密なため、加工コストがかかり、容積は大きく質量も増えることになる。また歯車とクラッチが増えることで駆動損失も大きくなる。内部では歯車ユニットの潤滑や冷却だけでなく流体クラッチのトルクコンバーターや変速機構の作動油としてオイルを使用しているため、油量は多く、高い油圧を必要とするため、油圧損失も大きい。

湿式多板クラッチを多用する構造も、オイルによる引き摺り抵抗など損失を増やす要因であるが、スムーズな作動と冷却を考えると同クラッチが最適の選択となる。かつてはクラッチの摩擦材も柔らかく、厚みのあるものとなっていたが、最近は摩擦に強い紙をベースとした薄いライニングにすることで耐久性と容積効率を高めている。

そのライニング自体の引き摺り抵抗は軽減している。従来ワン・ウェイ・クラッチで変速時のショックを軽減していた部分は、多板クラッチへの油圧制御をリニア・ソレノイド・バルブにより高度化することなどで、ワン・ウェイ・クラッチを廃止して効率を高めている。

また、すべての締結機構を多板クラッチにするのではなく、噛み合い式のドグクラッチも併用することにより、小型軽量化と引き摺り抵抗の軽減を図っている多段ATもあ

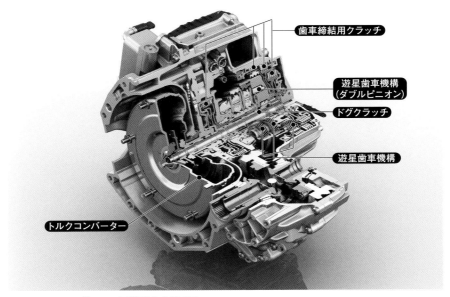

図3 ドイツZF社のFF用横置き9速AT
機械式時計のような緻密な構造の横置き9速AT。遊星歯車機構は三つだが、後端の遊星歯車機構は、リングギアの外周にさらにプラネタリーキャリア（ピニオンギア）を備えた内外二重の遊星歯車構造となっており、四つ目の遊星歯車機構としての機能も併せ持つ。クラッチの引き摺り抵抗を削減するため中心のシャフトにドグクラッチ（噛み合い型クラッチ）を二つ使用している。なお、図ではトルクコンバーターの内部は省略されているが、実際にはトルクコンバーター本体やロック・アップ・クラッチなどが組み込まれている。

る。

　歯車ユニットの複雑化については遊星歯車機構の進化も著しい。遊星キャリアのダブルピニオン化や、中心のサンギアを延長して2基の遊星歯車機構をピニオンギアで連結させるラビニヨ列といった複雑な構造の採用によって、小型軽量化を図るATも登場してきた（**図3、4**）。

　通常の遊星歯車機構は、中心のサンギア、サンギアの周りに複数配置するピニオンギア、ピニオンギアの外周にリングギアを配置する。ZF社の9速ATでは、遊星歯車機構のリングギアの外周にさらに別のピニオンギアを複数配置する内外二重の遊星歯車構造になる。こうして損失の削減を図り、多段化によるデメリットを打ち消して燃費性能を高めている。

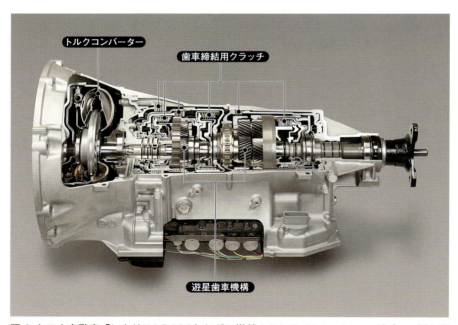

図4　トヨタ自動車「レクサスLS460」などに搭載されたアイシン・エィ・ダブリュ製8速AT
遊星歯車機構を前後にまとめている。前はダブルピニオン式、後ろ側はラビニヨ式を採用することで、実質遊星歯車機構を4組相当備え、8速を実現している。

第3章／変速機

内部機構の損失を低減

現在日本国内ではステップATは中型車以上の乗用車に使われ、小型車を中心にCVTが増えている。ステップATは効率が低い変速機というイメージがあるが、伝達効率が悪かったのは過去の話だ。前述のように内部機構の損失はかなり低減され、トルクコンバーターもロックアップ領域の拡大で損失を低減しており、今や湿式クラッチを用いたDCTより高い伝達効率を誇るまでになった。

ATを内製するマツダは、現在「SKYACTIV-DRIVE」として6速ATを展開している（図5）。ATを多段化することは損失の増加だけでなく、変速頻度が増えることで加速感の低下を招く。エンジンの持つ伸びやかな加速感は、変速段を固定した加速によって得られるものである。このため、マツダはトルクコンバーターを早いタイミングでロックアップし、エンジンとATをなるべく直結する領域を増やしている。

燃費性能の追求についてはATの徹底的な損失低減とともに、エンジンのトルク特性

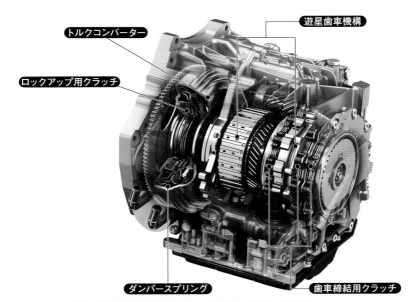

図5 マツダが内製するFF車用6速AT「SKYACTIV-DRIVE」
これ以上の内部構造は明らかにされていないが、3組相当の遊星歯車機構で6速とし、多段化よりもロックアップ領域の拡大と内部抵抗などの損失低減により効率を高めている。低燃費と操縦安定性を両立。変速操作の応答速度を高めるためリニアソレノイドを採用し、制御用ECUを内蔵することで小型化も実現している。

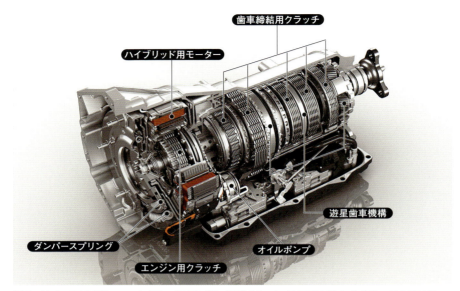

図6 ドイツBMW社のハイブリッド車などに搭載されているZF社製ハイブリッド8速AT
従来トルクコンバーターを収めていたスペースにモーターと多板クラッチを組み込み、ハイブリッド化した8速AT。3組の遊星歯車機構自体は普通のZF製8速ATと同様。このうち2組の遊星歯車機構は、軸方向に連なるラビニヨ式としている。

を改善することで向上させており、多段化による変速比の拡大というステップATのトレンドとは方向性を異にしている。

　エンジンの燃費性能が優れている分、加速感などの運転感覚を大事にしたいという考え方なのだろうが、それでも今後ますます燃費性能が求められていくことになれば、多段化を進めていく可能性もある。エンジンからの入力断続機構にトルクコンバーターを使わず、多板クラッチで駆動力を伝達する変速機も登場した。さらにハイブリッド駆動用のモーターを組み込んだ変速機が開発・採用されるなど、変速機はその役割を拡大しつつある（**図6**）。環境性能と快適性の向上に向けて変速機メーカーの技術力は、今後ますます求められていく。

4　トルクコンバーター

エンジンから変速機に流体でトルクを伝達

エンジンの駆動力を変速機に伝達するのがトルクコンバーターだ。自動変速機や無段変速機で使われている。通常は油で駆動力を伝達するが、一部領域ではエンジンと変速機を直結する。直結すると振動の要因になるが伝達損失が減り、燃費性能を向上させられる。

　トルクコンバーターは、エンジンの回転力を、AT（自動変速機）やCVT（無段変速機）に伝達する流体クラッチの一種である。これに対しMT（手動変速機）では、トルクコンバーターを使わずに乾式のクラッチを使うことが多い。トルクコンバーターは、エンジンの回転力で液体を回転させるもので動力を伝達するクラッチでありながら、駆動トルクを増幅する能力も備わっていることにある。

　トルクコンバーターは、シフトレバーがD（走行）レンジでの停止状態から、発進加速、緩加速、巡航走行といった各走行モードで異なる働きをしており、それらはATの変速同様、完全に自動化されている。

　基本構造としてポンプ（ポンプインペラー）、ステーター、タービン（タービンライナー）などで構成する（**図1**）。ポンプとエンジンはつながっている。ポンプが回転すると、ポンプはトルコン中の油「ATF（オートマチック・トランスミッション・フルード）」をかき混ぜて、回転した油がタービンを回す。タービンは変速機につながっているので、変速機を介してタイヤを駆動する。

　これだけであれば、流体クラッチとして伝え切れない動力は熱エネルギーとなって油に吸収されてしまうことになる。詳細は後述するが、この伝え切れない動力を利用してトルクを増幅するのが、ステーターの役割である。

　さらに最近のトルクコンバーターには伝達効率を高めるロック・アップ・クラッチが

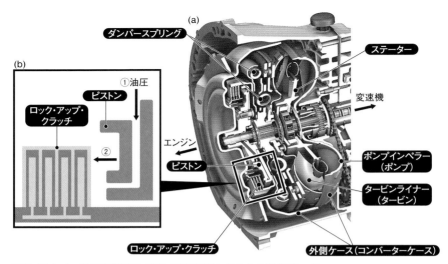

図1 Daimler社の9速AT「9G-TRONIC」のトルクコンバーター
(a) 縦型ATであるため横型ATに比べてスペースに余裕がある。トルクコンバーターのトーラス部（ポンプインペラーからタービンライナー間）にも十分な容量がある。1000N·mという大トルクも受け入れるため、ロック・アップ・クラッチやダンパースプリングも強度、容量を確保。(b) ロックアップ時。油圧でピストンが移動してロック・アップ・クラッチ（エンジン側）とピストン（変速機側）が圧着する。エンジンと変速機がロックアップ（直結）する。

追加されている。ロックアップはエンジンとタービンが直結した状態であり、油を介さずにエンジンのトルクを変速機に伝えられる。ただ、ロックアップ状態では衝撃や振動が増える。これを緩和するのがダンパースプリングである。ロックアップしてもダンパースプリングのおかげで快適な運転ができるのだ。

　トルクコンバーターと同じ働きをするクラッチ機構としては、MTに組み合わされる乾式単板クラッチ、DCT（デュアル・クラッチ・トランスミッション）などに採用される湿式多板クラッチなどがある（**表**）。

トルクを増幅する仕組み

　トルクコンバーターのポンプとタービンにはそれぞれブレード（羽根）が取り付けられており、ポンプが回ることによって油は遠心力で外周へと押し出されながら回転方向の力を蓄え、タービンへと伝わる（**図2、図3**）。タービンへと流れ込んだ油は回転方向の力を伝えながら中心方向へと向かう。そして再び中心からポンプへと流入して行く。

第3章／変速機

表 流体クラッチであるトルクコンバータと他のクラッチの比較

	トルクコンバーター	湿式多板クラッチ	乾式単板クラッチ
仕組みと特徴	流体クラッチの間に羽根を組み込み、カップリングの回転差によるエネルギーロスを回収。巡航時にはロック・アップ・クラッチを締結させることにより、回転差によるロスを解消させている	薄いフリクションディスクとクラッチプレートを交互に重ね、圧着することで締結。ディスクは油によって潤滑、冷却されている	強度のあるクラッチディスク1枚を圧着力のあるカバーでフライホイールに押し付けることにより締結
長所	停止時の伝達0％から発進、加速に至る一連の動きを滑らかにできる。スムーズで運転しやすく、ドライバーの運転に対する依存度が低い	閉じられた空間でも油冷により確実にディスクを冷却。潤滑や粘性抵抗により締結時の摩擦の立ち上がりが緩やかで、発進操作を滑らかに行いやすい。クラッチ外径の自由度は高く、DCTに多く採用	部品点数が少なく、構造がシンプル。コスト低減や信頼性、耐久性確保が容易
課題	常に一定量以上の油の供給を受け続ける必要があり、油圧による損失、質量、コストなどの面でやや不利	クラッチの駆動損失がやや大きくなる	自動MTの場合、変速時にはクラッチの断続によるトルク変動が起こり、走行中にギクシャクした動きが出る

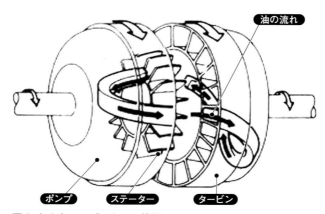

図2 トルクコンバーターの仕組み
ポンプで回転力を得た油（ATF）は、タービンに回転力を伝え、中心部からステーターを通って再びポンプへと戻ってくる。この時、タービンの回転力として吸収されなかった油の回転エネルギーはステーターにより回転方向に流れを変換されることで、ポンプを回すエネルギーになる。実際の油の流れは、この線のように"8の字"を描いて元の位置に循環するのではなく、常に進行方向にズレながら循環している。

図3 トルクコンバーターの構造
一般的なトルクコンバーターは、6種類程度の部品で構成する。ポンプの内部もタービン同様にブレード(羽根)が取り付けられており、油にエネルギーを伝える。

この繰り返しにより油は、変速機へ動力を伝える。

　さらにタービンからポンプ側へと油が循環する際に、その中間にあるステーターが油の流れの向きを回転方向へと変化させることから、ポンプに回転方向の力を与える。ポンプのトルクが増幅することでステーターの回転トルクも増える。これが加速時に見られるトルクの増幅効果である。

　これはタービンが吸収できないエネルギーをポンプに戻す際にポンプの抵抗を軽減することにもなる。ステーターで向きを変えること自体が抵抗でもあるが、そのまま循環させてポンプに戻すより回転方向に力の成分を変えた方が効率は高まる。しかしポンプとタービンの回転差が小さくなるとトルクの増幅効果も薄くなっていく。同時に、ステーターの羽根が抵抗になってしまうため、加速方向にステーターが回転して抵抗を軽減するようワン・ウェイ・クラッチが組み込まれている。

　それでも流体の伝達である以上、一定の損失は発生する。その損失こそが滑らかな加

速感を実現しているので、まったくの無駄ではないのだが、加速性能を高め燃費を向上させる目的において、駆動力の損失はマイナス要因である。そのためATの小型軽量化に加え、油の油量を削減するためにも、トルクコンバーターを小型化し、ロックアップをしていない限られた運転領域で使うようになってきた。例えば、停止時の動力吸収から発進あるいは加速時のロックアップ解除でエンジン回転を上昇させる際に利用するというものだ。

エンジンと変速機直結で低損失

　ロック・アップ・クラッチ機構は、1990年代になって登場したトルクコンバーターの直結システムである。タービンをポンプと一体化したコンバーターケースと密着させることにより、流体クラッチを介さずに動力を伝えることができる。この結果、流体クラッチとしての伝達損失はほぼ解消される。それでもATやCVTは、トルクコンバーターに常に圧送される油や、油圧によって作動する機構のために常に油圧ポンプを駆動する必要があり、MTの伝達効率には及ばない。

　最近はロックアップするエンジン回転数を下げることで燃費性能を高める傾向にある。これは加減速のダイレクト感を高める効果もあるものの、高級車にはトルクコンバーターならではの滑らかな走りが求められることから、ロック・アップ・クラッチにはスリップ・ロック・アップと呼ばれるような半クラッチの状態を含めて高度な制御が導入されている。ステップATの変速クラッチ同様、リニア・ソレノイド・バルブによる緻密な制御で、滑らかにクラッチを断続させる。

　ダンパースプリングはロック・アップ・クラッチが作動して締結する際の衝撃や加速の増減による振動、エンジンが発生する振動を吸収し、スムーズな走行感を実現するために役立っている。近年はロックアップ領域の拡大により、低速域や低回転域でロックアップするためにダンパースプリングの低剛性化や大容量化が図られている。千数百rpmという低い回転数でロックアップすると、パワートレーンの固有振動数とボディーの共振周波数が近づくため、振動が発生しやすくなるためだ。

トルクコンバーター廃止の動きも

　このロック・アップ・クラッチ機構も現在は様々な仕組みが生み出され、目的に応じ

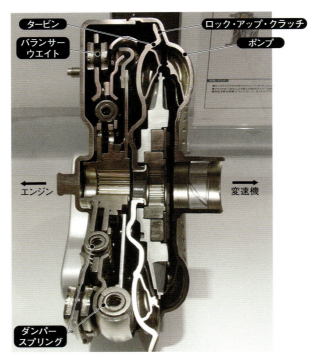

図4 ロック・アップ・クラッチ一体型タービンライナー（Schaeffler社）
従来のロック・アップ・クラッチは、タービンライナーと連結するロック・アップ・ダンパーをコンバーターハウジングと圧着することで締結させるが、これはタービンライナーの外周部にロック・アップ・クラッチを組み込み、ポンプインペラー側と圧着させることで締結させる。これにより軸方向の短縮が可能になり、従来サイズのままバランサーウエイトを組み込める。

て選択されている。ロックアップ時の伝達トルク容量を高めるために多板構造としたり、クラッチ板の圧着力を高めるためにサーボピストンを独立させた構造なども登場している。

　従来、ロック・アップ・クラッチはタービンの裏側に配置されていたが、小型軽量化のためにタービンの外周にロック・アップ・クラッチを一体化させる構造も出現した（**図4**）。またロックアップ時の衝撃を緩和して滑らかな走りを実現するダンパースプリングも配置や形状などが工夫され、様々な仕様が登場している。

図5 トルクコンバーターの機能を多板クラッチで置き換える
Daimler社の「AMG SPEEDSHIFT MCT」は、ATベースの変速機。スポーツカーは走りの性能を求めるため、トルクコンバーターを多板クラッチに置き換えやすい。

　これらはブレードの形状やトルクコンバーターの断面形状などと同様に部品メーカーの技術ノウハウとなっている。ATを開発するメーカーの自社製だけでなく、クラッチメーカーによる開発、提供が増えている。
　ステップATでは、トルクコンバーターの代わりに多板クラッチを組み合せるケースが出ている（**図5**）。特に高出力エンジンを組み合せる場合などは、ロック・アップ・クラッチの容量が不足することからロック・アップ・クラッチを多板クラッチとすることで伝達トルクの容量アップを図るケースもある。
　さらにトルクコンバーターの代わりに駆動用モーターを組み込んだハイブリッド車（HEV）用ATでは、エンジンの駆動力を切り離すため多板クラッチを採用したケースがある（**図6**）。
　マツダの新世代AT「SKYACTIV-DRIVE」は、ロックアップ領域を従来より拡大しただけでなく、トルクコンバーターを薄型化する代わりにロック・アップ・クラッチを多板化することで容量を増やしている。これはトルクコンバーターと多板クラッチを併用したクラッチと見ることもできる。
　乾式単板クラッチは従来、MTだけの専用機構と思われてきたが、ここ数年で様相が

図6 ハイブリッドモジュール（Schaeffler社）
トルクコンバーターの機能に代わる存在として開発されているハイブリッドモジュール。エンジンとの締結には湿式多板クラッチを利用し、モーターは変速機と直結。すでに同様の構造をZF社が開発し、BMW社などのハイブリッド車が採用している。

変化しつつある。それは自動MTの搭載車両が拡大の傾向を見せているからだ。車両コストや経済性を重視する軽商用車などは確実にATから自動MTに移行しつつある。

ただし従来の自動MTでは、変速時のトルク切れによる変速ショックが快適性を損うという課題がある。スズキが2016年秋に発売予定のフルハイブリッド車ではアシスト用モーターを組み合せることで変速時のトルク切れを解消させることを狙った。こうなると乾式単板クラッチは伝達効率やコストの点では圧倒的に有利な機構だけに、小型車以下の軽量車ではトルクコンバーターとATの組み合わせから自動MTへと置き換わるケースが増えるかもしれない。

5　ハイブリッド車用の変速機

モーターで補助動力と回生
構造は各社で大きな違い

ハイブリッド車（HEV）の変速機は、モーターによるエンジン動力の補助とエネルギー回生機能を備える。エンジン車に使われるAT（自動変速機）やCVT（無段変速機）を置き換える、ハイブリッドシステムの中核部品だ。モーターでトルクコンバーターを置き換えるタイプが主流である。

　先に紹介したトルクコンバーターと、それに組み合わせる変速機に代わる存在が、今回解説するハイブリッド車（HEV）用の変速機（以下、HEV変速機）である。これまでトルクコンバーターを収めていたスペースに、ハイブリッド駆動用のモーターやクラッチなどを組み込むものが多い。

　変速機構はエンジンの後段に配置する。モーターによるエンジン動力の補助と、エネルギー回生機能を備える（**図1**）。HEV変速機の構造は、駆動や発電などを実現するハイブリッドシステムによって異なる。

トヨタは遊星歯車で動力分割

　HEVを強く推進しているトヨタ自動車は、2モーター式のハイブリッドシステムを採用している。「THS（Toyota Hybrid System）」「THS II」と呼ぶこのシステムの要となる機構として、トヨタは専用のHEV変速機を開発した。

　構造は比較的シンプルだが、制御は複雑で既存のエンジン制御とは全く異なる。技術の肝となる部分は、エンジンとモーターの駆動力を走行条件に応じて使い分ける「動力分割機構」である。動力分割機構は、変速機に遊星歯車を使っているのが特徴である（詳しくは、第2章「THS」参照）。

　THSでは、役割の異なる2個のモーターを搭載する。主に発電機の役割を果たす

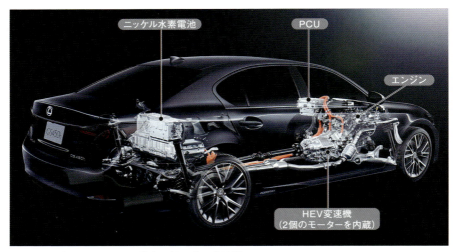

図1 エンジンとモーターの動力を操る専用変速機
トヨタの「レクサスGS450h」のハイブリッドシステム。HEV変速機に2個のモーターを内蔵することで、エンジン動力の補助だけでなく、減速時のエネルギー回生機能も実現する。

「MG1」と基本は駆動用ながら発電機を兼ねる「MG2」で、エンジンからの力は遊星歯車機構によって発電用とタイヤ駆動用に分配される。二つのモーターと動力分割機構の遊星歯車機構が変速機の役割を果たしている。

これに対して、トヨタ以外の自動車メーカーでは、1モーター式が目立つ。ドイツのAudi社やBMW社、Daimler社、Volkswagen社など欧州勢が推進中だ。日本のトヨタ自動車が得意とする2モーター式と異なる方式を採用したい欧米メーカーの心情がうかがえる。

日本勢では、日産自動車の1モーター2クラッチ式に代表されるように、独自のHEV変速機を備えるものが多い。

HEVには、これら変速機にモーターを組み合せた構造以外にも、エンジンとモーターで異なる駆動輪をもつタイプや、モーターを主動力とし、エンジンは発電するため変速機を持たないタイプの機構も存在する。しかしながら現時点では、上述したHEV変速機が現在の主流と言える。

トルコン構造を流用する欧州勢

　欧州メーカーが開発したHEV変速機で特徴的なのが、既存のトルクコンバーターと変速機の基本レイアウトをほぼそのまま活用している点である（**図2**）。ミッションケースは専用設計するが、内部構造を流用しながらハイブリッド化することが可能だ。

　トルクコンバーターを1個のモーターで置き換える変速機をエンジンと組み合わせる場合、車載電池やPCU（パワー・コントロール・ユニット）はドライバーの加速要求や巡航状態を判断し、充電量からモーター駆動の可否を決定する。それによってエンジン側のスロットル開度や変速機の段数などを協調制御する。

　従来の制御系を生かしながらハイブリッド走行の機能を上乗せする形で組み込めるため、制御系のシステムも比較的シンプルに追加できるのが強みであろう。

　欧州勢の視線の先にはプラグインハイブリッド車（PHEV）の存在がある。PHEVの普及を見越して、システムコストを抑えつつ拡張性のあるHEV変速機として開発を進めている状況でもある。メガサプライヤーからの部品供給も進んでおり、今後ますます

図2　BMW社のPHEV「330e」のHEV変速機
トルクコンバーター部分にモーターとクラッチを内蔵したHEV変速機。8速ATであり、後端の遊星歯車機構以外にも内部に2組の遊星歯車が組み込まれている。構造的にはトルクコンバーターを置き換えたものだが、実際にはトルクコンバーターを用いたATとはミッションケースが異なる。

採用車種が増えることが予想される方式である。

現在主流の方式は2012年から

BMW社とDaimler社がいち早く採用した、トルクコンバーター部分にモーターを組み込むハイブリッドシステムは、ドイツの複数の自動車メーカーと大手部品メーカーであるドイツZF社が共同開発したものである。もっとも当初は、トルクコンバーターの前にモーターを置いてエンジンと直結し、モーターは加速時のアシストを行うだけのマイルドハイブリッドであった。

最初に登場したのは2009年のことだったが、その後、米GM社も加わりSUV（スポーツ・ユーティリティー・ビークル）用のHEV変速機を開発するようになった（**図3**）。欧州と北米の自動車メーカーが協力体制を組んで、日本メーカーのHEVの包囲網を築こうとしたのである。その後、Daimler社は米Chrysler社と訣別し、GM社もPHEV「Volt」以外は大排気量車へと回帰し、欧米連合は解消される結果となった。それでも、

図3 BMW社、Daimler社、GM社が共同開発したHEV変速機
3個の遊星歯車機構と2個のモーターを組み合せた。2個のモーターがそれぞれ隣接する遊星歯車に動力を直接供給する。トヨタのTHSに近い構造であるが、仕組みは若干異なり、遊星歯車機構の締結によって変速する。

第3章／変速機

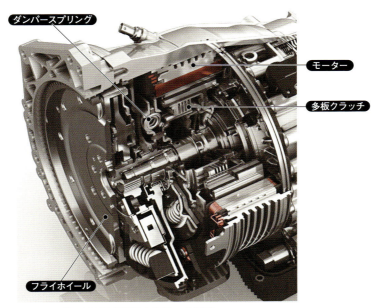

図4 BMW社のHEV変速機のクラッチ機構
図2のモーター部分の内部構造を示したもの。フライホイールはデュアルマス構造で、内部にダンパースプリングとバランサーウエイトを組み込んでいる。モーターの内側にある多板クラッチの前にも、締結時の振動を軽減するダンパースプリングを備える。

欧州メーカーの結束は持続され、HEV変速機の開発が続けられてきた。

　多板クラッチの制御を高度化したことにより、トルクコンバーターをなくした現在の方式が登場したのは2012年ごろのことだ（**図4**）。停車中にもエンジンにより発電させる能力は持ち合わせていないが、最新のモデルではPHEVとすることで、その必要性はほとんど解消されている。

　BMW社のPHEVに搭載されているHEV変速機の場合、モーターはクラッチのアウターハウジングと一体化され、ATのインプットシャフトに動力を伝達している。エンジンの動力は多板クラッチを通じてモーターと合力される。多板クラッチは、中心の軸部分から供給される油圧によって制御している。

日産は2個のクラッチで制御

　日産の「フーガ」や「エクストレイル」は、1モーター2クラッチ式を採用している。

図5 日産の1モーター2クラッチ式
エンジンの背後にクラッチ1、そしてモーターに続いてATを置き、ミッションケース後端にクラッチ2を配置したHEV変速機。EV走行とHEV走行、そしてエンジンによる発電をクラッチの切り替えで実現した。

変速機の後端にもクラッチを備えるユニークな構造だ（**図5**）。エンジンとモーターの間にあるクラッチでHEV走行と、電気自動車（EV）走行を切り替え、変速機の後端にあるクラッチで停車中のエンジンによる発電を可能にした。エンジンに隣接するクラッチ1は、潤滑や冷却が必要な多板式ではなく、乾式の単板クラッチを用いている。

多板クラッチに比べて単板クラッチを滑らかに断続させるのは非常に高度な制御が要求される。日産はモーターのトルクもms単位でコントロールすることで、EVモードからHEVモードへの移行を滑らかなまま加速していけるようにした。後端のクラッチ2は湿式多板クラッチである。

日産のエクストレイルに採用しているHEV変速機も横置きATをベースとしたもので、仕組みはほぼ同様だ。

ホンダは多板クラッチからDCTへ

ホンダが「インサイト」や「CR-Z」で採用していたハイブリッドシステム「IMA（Integrated Motor Assist System）」は、エンジンの出力軸にモーターを直結し、その後

に多板クラッチなどを設けたものである。薄型のモーターにより従来の横置きFF（前部エンジン・前輪駆動）レイアウトのまま、ハイブリッド化を可能にしたものだった。

しかしながら、この方式ではモーターのみの走行や回生充電時にもエンジンを回転させる必要があり、駆動損失の大きさからHEVの売りである低燃費の恩恵を十分に得ることは難しい。

その後ホンダが投入した1モーター式のハイブリッドシステムでは、DCT（デュアル・クラッチ・トランスミッション）にモーターを組み合せた機構を採用した。エンジンとモーターの駆動力を切り離して使えるようにした。

ホンダは「レジェンド」や新型「NSX」で3モーター式のハイブリッドシステムを採用している（図6）。このうち変速機は1個のモーターを使うので、1モーター式と構造はほぼ同じだ。

富士重工業の「インプレッサ」「XV」のHEVでは、CVTと一体化した機構を搭載している。エンジンからの入力は、まずCVT前端のトルクコンバーターに入り、その後

図6 ホンダ「レジェンド」では7速DCTにモーターを組み合せた

変速機の下流となるDCTのアウトプットシャフトにモーターを直結することで、駆動輪に効率良く動力を伝達する。奇数段のアウトプットシャフトにモーターを組み合せている。

前後進の切り替え機構を介して入力側プーリーに伝わる。CVTチェーンを介して出力側プーリーへトルクを伝え、最終的に前後のタイヤを駆動させる。

　富士重工業はこのレイアウトを大幅に変えずに済むシステムとして、入力側プーリーの後段にモーターを配置する構造を採用した。こうすれば、入出力プーリーまでの構造は、これまでのCVTと同じで、後ろ側のハウジングを変更し、最小限の変更でハイブリッド化を実現できるわけだ。

車格でモーターの搭載位置に違い

　モーターの位置による駆動方法の違いにも、メーカーの考えが表現されている。駆動輪を終点としてモーターを変速機より上流に備えるのか、下流に備えるのかでも思想は大きく異なる。

　ホンダのDCTや、富士重工業とスズキのフル・ハイブリッド・システムは、変速機の下流にモーターを配置する（**図7**）。モーターの駆動力を損失なく生かそうという姿勢が見える。モーターは本来、回転数に対応できれば停止からほとんどの回転域で安定し

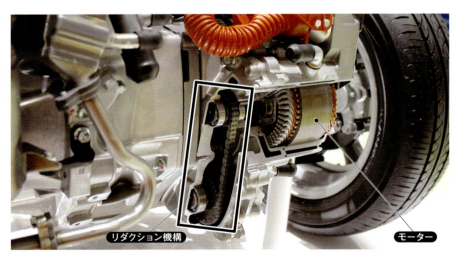

図7　スズキが開発中のフルハイブリッド機構
ミッションケースに内蔵したモーターがAMT（Automated Manual Transmission）のアウトプットシャフトを駆動することでEV走行を可能にするシステム。モーターの動力をチェーンとギアにより2段階に減速してトルクを増幅している。シングルクラッチのAMTの課題だった変速時のトルク切れも解消できる。

たトルクを発生するため、変速機を持たなくても走行可能だ。変速機を介さなければ、その分の損失を低減できる。

現時点での傾向としては、下流側にモーターを組み込むのは中型車以下のモデルに多い。これはモーターが小型でも損失が少ないため、EVモードを実現しやすいことが寄与している。だが、ホンダのレジェンドやNSXのように、下流側でも大きなモーターを組み込んだ高級車やスポーツカーも存在する。

一方、変速機よりモーターが上流にあるものは変速機による駆動損失は避けられない。それでも、高級車では高速走行時でもEVモードで走ることを想定して、上流にモーターを備える例が多い。変速機を介することで駆動トルクを増幅できるためだ。このため、機械的損失を見越して、高出力のモーターを備えておくことになる。

上流側に組み込むのは大型の車両に多い。縦置きエンジンやFR（前部エンジン・後輪駆動）レイアウトなど、高級車の資質を追求するようなメーカーは、モーターも上流側に置き、違和感の少ない加速感を実現している。

第4章

シャシー

第4章

1　マルチリンクサスペンション

乗り心地と高速走行時の操縦安定性を高次元で両立

サスペンションシステムには、乗り心地と操縦安定性を両立させることが求められる。最近、高級車を中心に増えているのがマルチリンクサスペンションである。構造が複雑でコスト高となりやすいが、自動車メーカーは部品の標準化などで低コスト化を図り、採用車種を拡大している。

　サスペンションはタイヤとボディーの間に位置するクルマを支える機構である。走行中の衝撃を吸収して乗り心地を向上させるとともに、サスペンションのストロークを柔軟に変化させることで路面に凹凸があってもタイヤを路面と接触させて車体の動きを安定させる。またコーナリング時には、車体をロールさせることによって、タイヤのグリップ力を引き出す役割もある。

　サスペンションの構造や構成する部品の強度は、クルマの目的によって大きく異なる。車体の重さや高速性能、乗り心地やハンドリングなどの性能をどのレベルまで求めるかによって、サスペンションに対する要求も変わってくるためだ。車重が重く、高速性能や乗り心地などの要求度の高い高級車ほど、サスペンションは高度化、複雑化する傾向にある。

採用車種増えるマルチリンク

　近年Dセグメント以上のモデルではマルチリンクサスペンションを採用するケースが増えている。マルチリンクは1980年代後期から本格的に量産車への採用が始まった。

　最近ではプラットフォームの共通化もあり、マルチリンクの採用車種は増える傾向にある。

　社内ではコストや軽量化への要求が高い一方、市場では走行性能や快適性に対する要

求が高い。マルチリンクを使えば、やや重くなるものの、快適な乗り心地と操縦安定性を両立させやすい。

　従来のサスペンション形式では高速走行時の操縦安定性を高めると、乗り心地が悪化する傾向にあった。安定性を高めるにはサスペンションをストロークしにくい特性にする必要があったからだ。サスペンションが上下動することでタイヤの角度が変わり、コーナリングが不安定になったり、直進性にも悪影響を与えたりする。

　マルチリンクは、ストロークに応じて、タイヤの向きであるホイールアライメントの変化（サスペンションジオメトリー）を最適化することができる。また、走行中のタイヤに加わる外力に対して、タイヤの向きを保持しやすいため、操縦安定性に優れる。

　サスペンションはエンジンや車両の外観デザインと同じく、そのクルマの個性が現れる部分だ。実用性や快適性、高速性能、操縦安定性、生産コスト——といった様々な要素の優先順位によってサスペンションの構造、細部の仕様が決まる。そのため乗用車でもサスペンションの構造は多様である。

　サスペンションの形式は主に四つのタイプ（ストラット、ダブルウイッシュボーン、

表1　主なサスペンション形式の特徴

サスペンション形式	構造の特徴 （アームやリンク）	長所	短所
ストラット	アームは1本（ロアーアーム）で構成	軽量でコストを抑えやすい。市街地走行主体の小型車は良好な乗り心地を得やすい	ロアーアームの長さによりキャンバー（＊）角の変化が決まってしまう。剛性向上には、各部品の剛性を高める必要がある
ダブルウイッシュボーン	上側のアッパーアーム、下側のロアーアームの2本で構成	2本のアームがあるため、乗り心地を高めやすい。上下アームを不等長とすることでストロークによるキャンバー角の変化を調整できる	上下のアームがタイヤから伝わる多方向の力を受け止めるため、しっかりとした構造にする必要があり、コストがかかる。サスペンションが占めるスペースが大きくなりやすい
トーションビーム	左右のアームを1本のビームで接続した構造になっている	簡素な構造でリアタイヤの支持ができる。ビームの剛性を調整することで、乗り心地や操縦安定性を得ることが可能	シンプルな構造のため、様々な性能を高いレベルで実現するのは難しい。ある程度用途が限られたクルマ向け
マルチリンク	ダブルウイッシュボーンが上下2本のアームで構成するのに対して、マルチリンクは合計3本以上のリンクやアームで構成する	サスペンションのストロークに対するタイヤの向きの変化を理想的なものにしやすい。アームやリンクを支持する力を一定方向に定めることができるため、各部品の軽量化も図れる	部品点数が多く、コストがかかる。リンクの数が増えるほど、相互の動きが干渉するため、設計の高度化、フリクション増大による乗り心地の悪化などの問題が発生しやすい

＊キャンバー：クルマを前後方向から見た時のタイヤの傾き。サスペンションが縮むとタイヤは上側が車体側に傾くキャンバー変化が起こる

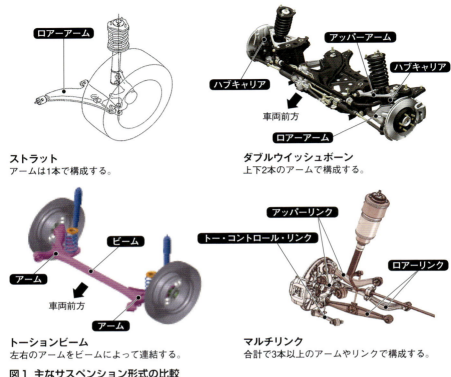

ストラット
アームは1本で構成する。

ダブルウイッシュボーン
上下2本のアームで構成する。

トーションビーム
左右のアームをビームによって連結する。

マルチリンク
合計で3本以上のアームやリンクで構成する。

図1 主なサスペンション形式の比較

トーションビーム、マルチリンク）に分かれる（**表1**、**図1**）。それぞれの形式ごとに、板状のアームや、棒状のリンクの配置や本数が異なっている。

アームやリンクの構造・数に注目

　ストラットは、1本のアーム（ロアーアーム）を使う。ダンパーがコイルスプリングを貫くことでシンプルな構造となり軽量でストローク量も大きい。小型車を中心にフロントサスペンションの主流となっている。

　ダブルウイッシュボーンは、上側のアッパーアーム、下側のロアーアームの2本を平行リンクで構成する。実際には上下アームは同じ長さではなく不等長リンクで、堅牢でストロークにおけるフリクションが少ない。ホイールアライメントの変化を抑えることも可能で、サスペンションの剛性を高めやすく、乗り心地と操縦安定性の両立を図りや

すいことから、マルチリンクと並んで高級車のサスペンションの主流となっている。

　トーションビームは、前輪駆動車のリアサスペンションに使われる形式である。左右のトレーリングアームをビーム（梁）で連結し、ビームのねじり剛性により左右輪の動きの干渉具合が変わるため半独立式ともいわれる。

　構造が簡単で軽量かつコストダウンも図れるため、小型FF（前部エンジン・前輪駆動）車の多くはこの形式を採用している。実際には設計技術の高度化と自動車メーカーのノウハウの蓄積により、一定の条件下であれば優れた路面追従性や高速安定性を実現することもできる。

　今回のテーマであるマルチリンクは、リンクあるいはアームが合計3本以上で構成する。上下のストロークに対して、サスペンションジオメトリーを理想的なものにしやすく、乗り心地と高速安定性、運動性能などを高次元でまとめあげることが可能になる。ただし設計は複雑なものとなり、部品点数も増えることから質量面、コスト面では不利となる。

マルチリンクサスの長所短所

　特にリアサスペンションについては、乗り心地の確保のために、柔軟なストロークが求められるが、上下動によるタイヤの向きの変化やコーナリング中のロール及び外力に対しては、常に車体を安定させる方向に制御する必要がある。そこでマルチリンクではサスペンションが縮むほど、タイヤの前側が車体の内側を向くようにトー角を制御するトー・コントロール・リンクが追加されていることが多い。

　アームやリンクを短くできるため、サスペンションユニット全体を低く小型化できるのも、マルチリンクのメリットだ（**図2**）。

　アームやリンクの長さを抑えると、ジオメトリー面での制約が大きく、従来なら荷室スペースを犠牲にしたり、適正なジオメトリーを実現できないなどのケースもあったが、トー・コントロール・リンクなど、特定の機能をもたせることにより、理想的なトー角やキャンバー角の変化を与えることができるようになった。

　また重心やロールセンター（コーナリングのロール時に力学的に支点となる車体の位置）などを理想に近付けることにより、走行中の無駄な動きが発生することを抑えているが、このロールセンターを設定するためのリンクやアームの角度を最適化できること

ハブキャリア

車軸を支えている部分であり、ブレーキや操舵装置など様々な機構が集中している。アームやリンクも、ハブキャリアとボディーを連結するための部品だ。

ダンパー（ショックアブソーバー）

スプリングの動きを抑え、車体の動きを滑らかにする減衰装置。シリンダーに封入されたオイル内をピストンがストロークすることにより、車体の動きを熱エネルギーに変える。ダンパーにスプリングを組み合わせたストラットは、構造材としての役目も果たし、組み立て工程の簡素化にも役立っている。

スプリング（バネ）

車体を支え、路面からの衝撃を受け止める部品。鋼線をらせん状に巻いたコイルスプリングが一般的だ。板状の鋼材やFRP（繊維強化樹脂）によるリーフスプリング、空気室を加圧することによりバネ特性や車高などが調整できるエアスプリングなどもある。

スタビライザーリンク

スタビライザー

左右のサスペンションを連結し、コーナリングのロールを抑え、左右のタイヤのグリップ力を高める部品。スタビライザー自身がトーションバー（ねじり棒）スプリングであり、その剛性が車体のロール剛性に直接影響する。スタビライザーはその形状や平常時の角度が重要であるため、最近はアーム類に直接ブッシュで連結するのではなく、スタビライザーリンクを介してアームやストラットに接続する方式が主流となっている。

アーム

ハブキャリアの上下動を支える部品。ダブルウイッシュボーンであればアッパーアーム、ロアーアームの2本でハブキャリアを支える。一般的にアームによってタイヤの上下動以外の位置決めがされている。一方、リンクは単独ではハブキャリアを支えるものではなく補助的に使われる。マルチリンク式の場合、従来のアームにリンクを追加して動き方を制御するものと、一つのアームを2〜3本のリンクに分けて幾何学的な動きを実現しているものに大別できる。

ブッシュ

走行中の衝撃や振動を緩和させる部品。一般的にはゴム製で、一定方向のみ剛性を変えるため一部がくり貫かれた構造になっているものが多い。アームやリンクと、ハブキャリアやボディーの接続部分を単純に回転するだけの機構として強固に接続してしまうと、タイヤやスプリングでは吸収しきれない走行中の衝撃がそのまま車体に伝わる。サスペンションが上下動する時には、それぞれのアームやリンクが支持部分の回転軸通りに動く訳ではない。

サスペンションを構成する主な部品

も、マルチリンクの利点だろう。

　2点以上の回転軸を組み合わせるため設計はそれだけ複雑になるが、今日の設計開発技術により、こうした難題もクリアし、より高い走行性能を短期間、低コストで作り上

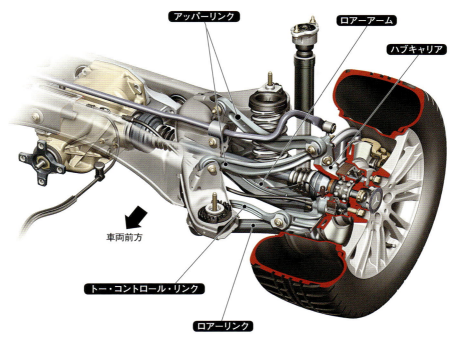

図2 マルチリンクサスペンションの特徴（ドイツDaimler社のMercedes-Benzの場合）
アームやリンクを配置して衝撃を吸収する機構になっているが、部品点数が多くコストアップにつながりやすい。

げることが可能になっている。

　もう一つタイヤの位置決めの正確性を高めながら、ブッシュの柔軟性を利用することができるのもマルチリンクの長所だろう。従来であれば乗り心地を向上させるために支点部のブッシュを柔軟にすると、路面からの衝撃でタイヤの向きが乱され、それがやはり走行安定性に悪影響を及ぼした。

　しかしマルチリンクを採用することにより、リンクの位置、ブッシュの形状を最適化することが可能になった。

　走行中にギャップなどに乗り上げた際の入力に対し衝撃を吸収するブッシュだけがたわみ、残りのブッシュやアーム類はタイヤを支持しているのでタイヤは真っすぐに後方へと動いて車体の姿勢の乱れを防ぎつつ、サスペンションがストロークする量が減ることで、高速域でのフラットなライド感を実現することにも役立っている。

マルチリンクで操縦安定性向上

さらにフロントサスペンションについては、アームを2本のリンクに分けることにより転舵する際の回転軸をタイヤの中心に近付けることが可能になる。これにより走行中の外力によるステアリング操作への影響や振動の低減を図ることが可能になる。

一方、マルチリンクのデメリットは、まずサスペンションの複雑化による質量増、コストアップである。ただしアームの代わりにリンクを使って適正な位置で支えることで、アームよりも軽量化できる。また、自動車メーカーはプラットフォームを共通化して開発時間の短縮や量産効果によるコストダウンを進めている。マルチリンクの採用は、必ずしもデメリットとはいえない状況になっている。

もう一つがストローク量の制限である。リンクが増えるほど、それぞれのリンクの上下動がお互いの動きを干渉することになるので、結果としてフリクションが増え、ストロークが制限されたり、特定のブッシュに負担が集中してしまうことになりかねない。

ただし自動車メーカーは、可能な限りサスペンションを上下動させることなく（あるいは乗員に上下動を感じさせることなく）走行できる乗り味を目標としているのが、今日のトレンドである。

マルチリンクの様々な構造

マルチリンクと一口に言っても、実際には自動車メーカーによって様々な構造がある。特許事情によるものもあるし、自動車メーカーによって最適と考えるサスペンションの仕様があるからだ。

それでも多くのサスペンションを見比べてみると、ダブルウイッシュボーンやセミトレーリングアーム、ストラットなど従来のサスペンション形式を発展させてマルチリンク化したものと、最初からマルチリンクとして設計開発されたものに大別できる（**表2**）。

表2 マルチリンクサスペンションの比較

マルチリンクサスペンションの分類	代表的なメーカーやブランド
ダブルウイッシュボーン発展型	Daimler社（フロント）、Audi社（フロント、リア）、富士重工（リア）
セミトレーリングアーム発展型	日産（リア）、Porsche社（リア）
マルチリンク専用型	Daimler社（リア）、トヨタ（リア）
コスト両立型	マツダ（リア）、日産「ティアナ」（リア）、BMW社「MINI」（リア）

(a)  (b)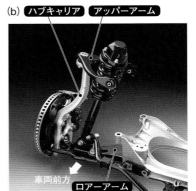

図3 ドイツAudi社のマルチリンクサスペンション（フロント）
(a) Audi社のシステム。(b) 構造が似ているトヨタのダブルウイッシュボーン式。トヨタとの違いは直進時にロアーアームのブッシュのたわみを生かしてタイヤを後方に移動させて衝撃を吸収しながら、ロアーリンクが平行にたわむことでトー角の変化を抑える点と、転舵時の軸となるポイントが実際のリンクの支点よりも外側になることで走行中の操舵が安定することだ。

　ダブルウイッシュボーンの発展型であるのは、ドイツDaimler社「Mercedes-Benz」ブランドの「Sクラス」やドイツAudi社で使われているフロントサスペンションである（**図3**）。
　フロントサスペンションは上下動による衝撃吸収や路面追従性だけでなく、操舵という役割もあり、マルチリンク化は設計の自由度を広げるための手段として用いられる。従来のサスペンションではステアリングの安定感や乗り心地、操縦安定性といった要素をバランスさせるために妥協していく部分が多いが、マルチリンクサスでは相反するような条件を高次元で両立させることができる。
　一方のセミトレーリングアームを発展させたものとしては、日産自動車（**図4**）やドイツPorsche社「911」（**図5**）、ドイツBMW社のかつての「3シリーズ」（いずれもリアサスペンション）などがある。
　Porsche社の911は、前方から伸びる長いトレーリングリンクと、後方のロアーアームでセミトレーリングアームの代わりにハブキャリアを支え、アッパーリンクを追加することでキャンバーの変化をコントロールしている。
　BMW社やPorsche社の911がフロントサスペンションに採用している「ダブル・ジ

図4 日産自動車「フーガ」のマルチリンクサスペンション（リア）
最近の日産のリアのマルチリンクは複数あったアッパーリンクをまとめてアッパーアームとして、シンプルな構成になっている。ハブキャリア上部にダンパーとスプリングをマウントしているため、ロアーリンクはシンプルな構成。前後のロアーリンクの長さの差によってトー角を制御しているが、マルチリンク専用型と比べると積極的なものではなく、セミトレーリングアームからの発展型であることを感じさせる。

ョイント・ストラット」は、アッパーアームこそ存在しないが、ロアーアームを二つの方向に分割してリンクとしてそれぞれのブッシュで走行中にかかる力を受け止める構造を採用している。このためストラットの発展型マルチリンクサスペンションと見ることもできる。

Daimler社やAudi社は専用設計

　マルチリンク専用型は、文字通りマルチリンクとして当初から開発、設計されたもの。リンクの支点などを改良しながら、より完成度の高いサスペンションとして熟成され続けている。トヨタ自動車のリアサスペンションもマルチリンクとして専用開発されたものだ（**図6**）。

　専用型の特徴としては、4本以上のリンクが様々な方向からハブキャリアを支え、前

第4章／シャシー

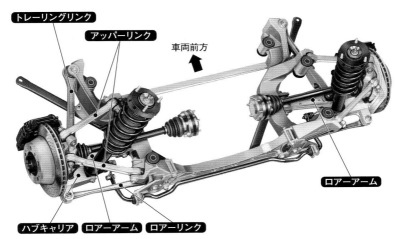

図5 ドイツPorsche社「911」のマルチリンクサスペンション
前方から伸びるトレーリングリンクとハブキャリアの前後で挟み込むようにして支えるロアーアームとロアーリンクは、従来のセミトレーリングアームの機能を複数に分解したものだ。長さを十分に採ることによりストロークによる軌跡を直線的にしている。さらにアッパーリンクを2本追加することでマルチリンク化しているのが特徴だ。積極的なトー変化を起こさせるというより、ストロークによる変化を抑える効果がある。上下のリンクが不等長となっており、ロールやストロークによるキャンバー変化を利用して、安定性を高めている。

方に短いトー・コントロール・リンクを備えることで、より積極的にトー角を制御している。

マツダやVWはコスト両立型

現在ではコスト両立型とも言えるマルチリンクも存在する。例えばマツダやドイツVolkswagen社、Daimler社「Mercedes-Benz」ブランドの「Aクラス」である。それぞれのリアサスペンションに採用されているものはトレーリングリンクとロアーアーム、上下のリンクという合計4本のアームやリンクでトー角やキャンバー角をコントロールしている。

BMW社「MINI」のリアサスペンションは、高い支点から非常に長いリンクを使ってハブキャリアを支えることで高い運動性能を実現しているが、ハブキャリアとロアーアームを一体構造とするなど簡素化されている。

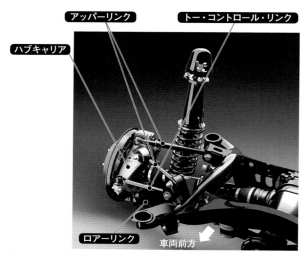

図6 トヨタ自動車のマルチリンクサスペンション（リア）
スプリングを支えるロアーアームと前方に伸びるロアーリンクで、ハブキャリアを下から支える。角度の異なるアッパーリンク2本で横方向の支持とサスの上下ストロークによるキャンバー変化をコントロールする。前方に伸びるトー・コントロール・リンクでサスの上下ストロークによるトー変化を最適化する。

　さらに日産「ティアナ」のリアサスペンションはロアーアームに、トー・コントロール・リンクの機能を持ったロアーリンクを追加したデザインだ（**図7**）。ユニークなのはトー・コントロール・リンクを独立させず、ブッシュを介してアームを支持している点。これにより、コーナリング中に遠心力による横方向の力がかかった時にもタイヤを安定方向（トーイン方向）に向けることができる。比較的簡単な構造で従来のマルチリンクに近い効果を得ている。マツダは4本のリンクとアームで乗り心地と操縦安定性を確保する（**図8**）。

これからのサスペンション

　マルチリンクのジオメトリーについては、最適な設定や構造が議論され尽くした感がある。一方で、質量の重いランフラットタイヤの普及など、サスペンションへの負担が大きくなる要素もあり、サスペンションはさらなる進化を求められている。
　最近ではサスペンションを電子制御することで乗り心地の追求が進んでいる。電子制

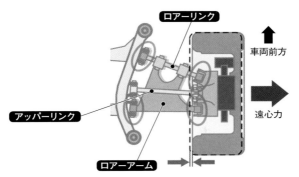

図7 日産「ティアナ」のマルチリンクサスペンション
ロアーアーム前側をリンクを介して支持するとともに、リンクとの結合にブッシュを用いて十分な横剛性と、トー変化を両立。ロアーアームと2本のリンクだけでトー角を積極的に制御するマルチリンクとして機能させている。FF（前部エンジン・前輪走行）の中型セダンとして乗り心地、操縦安定性を高めながらコストとの両立を実現させた構造だ。

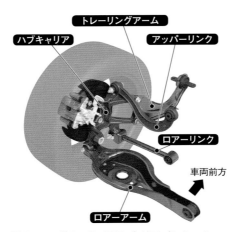

図8 マツダのマルチリンクサスペンション
前方からハブキャリアを支えるトレーリングアームとロアーアーム、アッパーリンクが主に位置決めを行ない、ロアーアームの前方にあるロアーリンクがトー角を制御する。合計4本のアームとリンクによって柔軟なストロークによる乗り心地と路面追従性の高さ、タイヤの向きの制御による走行安定性の両立を狙った構造だ。ドイツ Volkswagen 社「ゴルフ」、Daimler 社「Mercedes-Benz A クラス」のリアのマルチリンクもほぼ同様の構造である。

御ダンパーやエアサスペンションの採用、さらにはストロークの加速度に応じて減衰力を変化させるセミ・アクティブ・サスペンションの開発もその一つだ。さらには路面からの入力に対して自在にストロークを制御するアクティブサスペンションの研究も続けられており、高度な電子化によってサスペンション技術は、一層の革新が起こる可能性を秘めている。

2 ESC（横滑り防止装置）

4輪のブレーキを個別に制御
車両を安定させる

車両の横滑りを防止するESC（横滑り防止装置）。最近、車両の価値を高める手段としてESCが存在感を高めている。車両の横滑りを防ぐだけでなく、坂道発進支援や衝突被害軽減ブレーキなどにも使えるからだ。搭載が義務化され、ESCはクルマに欠かせない装置になっている。

　ここ10年ほどの間における、クルマの電子制御の複雑ぶり、高度ぶりは目覚ましいものがある。ブレーキシステムは単にクルマを減速/停止させる装置から、様々な制御を加えることで高度化してきている。

　その高度化を支える代表的な部品がESCである。ESCは、横滑りを防止して車両を安定化させるだけでなく、必要に応じてアクチュエーターである電動油圧ユニットでブレーキ圧を作り出し、4輪を個別に制動させる機能を担っている（**図1**）。

　ESCの名称は、ESP、DTC、VDC、VSC——と、自動車メーカーにより様々だが、基本的な働き、制御のメカニズムは変わらない。

　日本へのESC導入は、欧米に比べて遅れていたが、2014年10月以降、国内のすべての乗用車にESCの装着が義務化されている。軽自動車の継続生産車についても2018年2月24日以降、義務化される予定だ。

　例えば、スズキは2014年12月に発売した、軽乗用車で最も価格を抑えた新型「アルト」（84万7800円から）にESCを標準搭載した。低価格の軽自動車にまで搭載されたことでESCはクルマの基本機能になったともいえる。

ABSから進化

　一般的なブレーキは、ブレーキペダルを踏んだ力でマスターシリンダーと呼ぶ油圧を

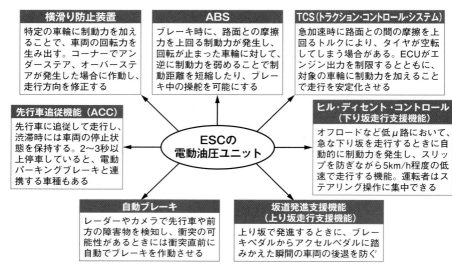

図1 ESCの搭載で様々な機能を実現できる

上下させるピストンを動かし、4輪の油圧を高めて制動させる。この時、エンジンの吸気マニホールドが作り出す負圧を利用する倍力装置を用いて、ピストンを動きやすくする方法が一般的だ。

しかし、最近のように車両が大型化し、走行速度が高まってくると、単純にブレーキの制動力を強化するだけでは、実際の制動性能を確保することが難しくなってくる。

特に滑りやすい路面状況では、ブレーキを作動させると、タイヤの回転が止まる"ロック"状態になり、車両が操縦不能に陥ることもあるからだ。そのため、各輪に回転を検知するセンサーを設け、タイヤのロックを検知すると制動力を一瞬弱めることでタイヤを再度回転させて、タイヤのグリップを回復させる仕組みが考え出された。これがABS(アンチロック・ブレーキ・システム)と呼ばれるブレーキ制御システムである。

同様にエンジンの高出力化や駆動系の効率向上により、加速時にタイヤのグリップを失いホイールスピンを起こす状態を防ぐため、スピンを検知するとエンジンの点火を間引きして出力を抑えたり、空転している側のタイヤにブレーキをかけるTCS(トラクション・コントロール・システム)が生み出された。

TCSは、空転していると判断した車輪にだけブレーキをかけることで、空転を抑えると同時にデファレンシャルギアにより駆動力が伝わらなくなっていた反対側の車輪に

駆動力を伝えるように働き掛ける。スロットルバルブを電子制御化してからは、ECUがエンジン出力をスムーズに調整することも可能になった。

こうして走行時の安定性を高める電子制御システムは進歩を続け、直線的な加減速だけでなくコーナリング時の操縦安定性の向上にも利用されるようになった。コーナリング中のブレーキロックやホイールスピンにも、ABSやTCSが作用して車体を安定させるのだ。

各輪の回転センサーだけでなく加速度センサーも使い、横加速度を検知することでコーナリング中であることを認識し、より運転者の感覚に近い働きをさせる。これによりABSやTCSが走りの楽しみを阻害するような装置ではなく、むしろ運転者の運転を助け、運動性能を高める装置へと発展したのだ。

さらにヨーレート（回転角速度）センサーが追加されたほか、ECU（電子制御ユニット）が高度化することで、車両の姿勢を安定化させるESCへと進化した。アンダーステアやオーバーステアといったコーナリング中の限界挙動を検知して、クルマがより安定する方向に導く。それ以前の運転者のラフな操作によるホイールスピン、それに付随するアンダーステアもやんわりと修正してくれる（図2）。

1秒間に25回走行状態を判定

具体的にESCはどのようなメカニズムで作動しているのか。走行中のECUは、4輪の角度、ステアリングホイールの操舵角、車両のヨーレート、横方向の加速度を、各センサーで検知している（図3）。

センサーは1秒間に100〜1000回という速度で演算し、ECUに信号を送る。そしてECUは1秒間に25回は、走行状態を判定している。車両の挙動が適正なしきい値を超えたと判断すれば、エンジンの出力と4輪のブレーキを独立して制御することで、車体の姿勢を安定させる。

ステアリングを切ってもヨーレートは小さいという状況では、車体が向きを変えにくいアンダーステアが発生していると判断する。この場合、コーナー内側の車輪にだけブレーキをかけると同時にエンジンの出力も抑える（図4）。

またステアリングの舵角は一定であるにもかかわらず、旋回方向の加速度が高まっていく状況は、車体が曲がり過ぎるオーバーステアと判断し、コーナー外側の車輪にブレ

図2 ESCの有無による危険回避
コーナーに故障車が止まっていた場合、運転者がステアリング操作で回避行動を取るとオーバーステアが発生し、カウンターステアを当てても姿勢を立て直すのはかなり難しい。ESC搭載車であれば、運転者は希望の方向にステアリングを切るだけで、ECUが旋回モーメントと横加速度から、適切な修正舵を車輪ごとのブレーキによって実現する。

ーキをかけると同時にやはりエンジン出力を制限する。ステアリングを操作することなく、ブレーキを独立制御してクルマの向きを制御するのである。

　ブレーキによる方向の修正は、効果の高い前後輪のどちらかを主体に行なう。しかしそれで不十分と判断すれば、残る同じ側の前後輪、さらには両方の後輪で制動力に差を付けることでステアリングの利きと制動力を同時に高めることもある（**図5**）。

　運転者の意思とは関係なく、車両を安定化するようになったのは、TCSに次ぐものだが、TCSがアクセルの踏み過ぎや滑りやすい路面での操作に対する受動的な制御であるのに対して、ESCは運転者の操作を修正するものだけではない。クルマの挙動を予測し、挙動が不安定にならないように制御する。ABSやTCSが運転者の入力に応える単一の機能であるのに対して、ESCは運転者の運転操作とは別の制御により、アン

第4章／シャシー

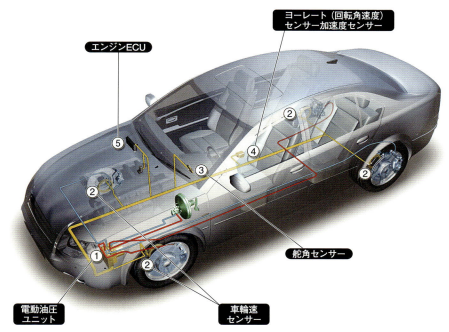

図3 ESCのシステム構成
各車輪にはブレーキの油圧系統のほか、車輪の回転数を測定する車輪速センサーが装着されている。ステアリング舵角センサー、車体中央のヨーレート（回転角速度）センサーや加速度センサーなどから、運転者の操舵の意志、道路の形状、クルマの走行状態を判断する。クルマが制御を失う恐れがある場合には、エンジンのECUと協調制御させてスロットルバルブを閉じてエンジンの出力を抑制するほか、各車輪のブレーキを作動させて、安定性を取り戻す。

ダーステアによる車線外へのはみ出しや、オーバーステアによるスピン状態を回避してくれるのだ。

エンジン出力も抑制

　ESCは、油圧を作り出すモーター、制御弁、ECUを一体化した電動油圧ユニット、エンジンECU、各種センサーで構成する。

　4輪のホイールハブには回転を検知する車輪速センサーがあり、車速と各輪の回転差を検出する。ステアリングの舵角センサーは現在の舵角と運転者による操作量、速さを検出する。旋回方向の角速度を検知するヨーレートセンサーには主に横方向の動きを測る加速度センサーも内蔵されている。

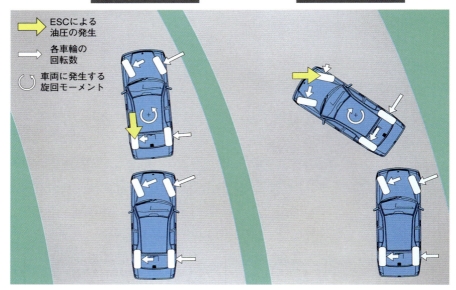

図4 ESCで車体を安定させる様子
左は、車両の旋回力が不足しているアンダーステアが発生している状態。対策として、ESCのユニットで左後輪の油圧を高めて、左回りの旋回モーメントを発生させている。右は旋回力が大きすぎるオーバーステアの状態。スピンする前に、ESCユニットで右前輪に制動をかけることにより右回りの旋回モーメントを発生させてスピンを回避させる。

　ステアリングの舵角の変化と、それに対するヨーレートと横加速度の大きさの変化を常に比較し、運転操作に合った進路が保たれているかを判断するのだ。

　エンジン出力は回転数とスロットル・ポジション・センサーによるスロットル開度、燃料噴射量などから把握され、駆動輪の左右の回転差を検出することにより、エンジン出力が適切であるか判断する。運転者がアクセルペダルを踏み込んだとしても、車両の挙動が不安定になりそうだと判断すると、エンジンECUはスロットルバルブを閉じてエンジン出力を抑制する。

電動油圧ユニットは2方式

　ESCの中核となるのが油圧を作り出し、その圧力を制御する電動油圧ユニットだ。同ユニットで油圧を作り出すオイルポンプには、主にピストンポンプ式とトロコイドポ

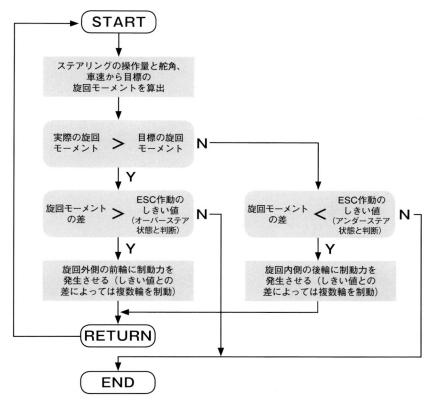

図5 ESCの制御の流れ
アンダーステアやオーバーステアの発生時にESCを作動させる。実際には、自動車メーカーに応じて、どの車輪を制動するのか、いくつの車輪に制動をかけるのかは変わってくる。

ンプ式がある。

ピストンポンプ式は、複数のピストンを配置して、ユニット内のモーターの回転力でピストンを動かすことで、外部に油を吐出する。ただ、ピストン式は、吐出時の脈動（油圧の変化）が大きい。このため、衝突被害軽減ブレーキや衝突回避支援ブレーキなど緊急時に使うには適しているが、レーダーやカメラで先行車に追従して走行するACC（アダプティブ・クルーズ・コントロール）、特に停止と発進を繰り返す"低速域"のACCには音や振動が目立つという課題があった。

一方で、静粛性を重視する方式でACCにも使われているのがトロコイドポンプ式で

ある。この方式は、外側の固定の歯車と内側で回転する歯車で構成し、両者の歯車の隙間が可変になる機構を利用して油を吐出する。オイルポンプなどで一般的に使われている方式で、吐出時に油圧が少しずつ立ち上がるため、ACCなどでも快適性を損なわないようにでき、上級車を中心に採用されている。

ただ、ピストン方式でも静粛性を高めるために、ユニットに搭載するピストンの数を増やす傾向がある。ピストンを増やすことで、脈動を抑えつつ、吐出量を増やすことができるためだ。

多機能化するESC

多くのクルマにESCの電動油圧ユニットの搭載が進んだことで、ソフトウエアの追加だけで様々な機能を提供できるようになった。路面の傾斜を検知すると、ブレーキ圧を高めて坂道発進を支援する機能や、傾斜のきつい下り坂などで速度を落として安定して降りるヒル・ディセント・コントロールも、そうしたブレーキシステムが可能にした機能だ。この他、運転者の運転操作の誤りによって生じる、横転の危険性を回避する機能もある（**図6**）。

ブレーキペダルにストロークセンサーを設けることで、運転者のブレーキペダルの踏み込み方が急ブレーキであると判断すれば、ペダルから入力された以上の制動力を発揮して、クルマの制動距離を短くするブレーキアシスト機能も追加できる。

さらにはブレーキを多用して、ブレーキ液が過熱状態になっていると判断した場合、液中の水分蒸発による気泡がブレーキ圧力を吸収してしまう"ベーパーロック"を防ぐため、ブレーキ液自体を加圧して沸点を高める機能も搭載できるようになった。雨天走行時にはワイパーの動きと連動して、走行中に時々ブレーキを軽く当てて、パッドとディスクを乾かしておくという芸当までやってのける。

トラックでは積載量や乗車人数の変化によって車重や質量配分が変化したことを検知して、車軸ごとに制動力を調整することもできる。ABSによってロックした車輪の制動力を抑えるのではなく、あらかじめブレーキバランスを調整して制動させることで、より安定的に車両を減速できる。これによりABSやESCの効果もより高めることができる。

長いトレーラーでは路面状況や強風などによって車体がふらつくこともあるが、ESC

図6 ESCを搭載するトラックの走行
(a) ESCの作動無し、(b) ESCの作動あり。日野自動車のテストコースでESCによる横転回避能力の実験。同じ速度で規定質量を搭載し、コーナーを走行したもの。ESCの作動をオフにして走行すると大きくロールする。ESCをオンにすると内輪がリフトするものの、ロールは大きく抑えられ横転の危険性は解消している。

はそんな車体の動きを検知すると、車輪個々のブレーキを制御してふらつきを解消させる機能もある。

ESCは、2〜3秒程度と短時間の油圧制御はできるが長時間の連続した作動には向かない。鉛蓄電池の電力消費が多くなってしまうためだ。そこで最近増えているのが、電動パーキングブレーキと連携したシステムだ。例えばACCで、停止時間が2〜3秒を超えると電動油圧ユニットの作動を停止して、その代わりに電動パーキングブレーキを作動させて物理的にタイヤを固定してしまう。パーキングブレーキが電動化されているため、ECUから指令を出すことでシステムを連携させることができるのだ。

小型軽量化と自動運転への展望

最近はセンサーの小型化が進んでいることも、注目すべき要素であろう（**図7**）。セン

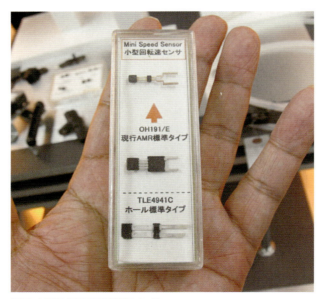

図7 小型化が進む車輪速センサー
1980年代後半の初期のABSシステムに使われていた速度センサーは、親指ほどの大きさがあったが、その後精度を高めると同時に小型軽量化が進んでいる。現行の車両に使われているのは写真中段のもので、実際には樹脂製のケースに内蔵して装着されている。写真上段が最新のセンサーで、センサー自体は3mm角程度の大きさ。

図8 ESCのユニット（Bosch社製）
モーターで油圧を発生させて、4輪に制動力を発生させる。タイヤのロックが発生すると、ユニットのバルブブロック内のバルブを開閉させて対象となる車輪のブレーキ圧を緩める。

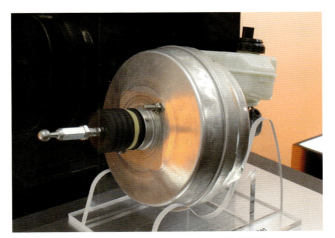

図9 従来の負圧式ブースターで油圧を高める倍力装置
大きな円板状の部品の内部にダイアフラムがあり、エンジンの吸気行程で発生する負圧を利用してこのダイアフラムを動かす。ダイアフラムがマスターシリンダーを強く押し込むことで、運転者がブレーキペダルを踏み込んだ力以上の制動力を発生させる。

サーやマイコンの搭載数が増えるにつれ、車両質量の増加や搭載スペースの制限が生じている。それらの課題を解消するためにも、こうした小型軽量化は効果的だ。オランダNXP Semiconductors社やドイツInfineon Technologies社など半導体メーカーが小型の、車輪速センサーやMR（磁気）センサー、ホール素子センサーなどの開発・実用化を進めている。

　従来エンジンの吸気負圧を利用してブレーキペダルからの液圧を増加させて制動力を高める倍力装置を利用してきたが、ESC搭載車はブレーキ圧を高めるポンプを内蔵しているため、ブレーキユニットの内部で油圧を作り出すようにもなってきた（**図8、9**）。これはエンジンのポンピングロスを低減するほか、ブレーキシステムの小型化にもつながるものだ。

　運転者によるブレーキペダルの踏み込みとは関係なく、ESCが独自に制動力を発揮できることは、技術的にはブレーキの完全電子制御化、いわゆるブレーキ・バイ・ワイ

図10 ESCユニットを進化させた電子制御式ブレーキユニット（ドイツContinental社）
従来、マスターシリンダーと離れて独立していた電子制御ブレーキユニットをマスターシリンダーと一体化させたシステム。これによりエンジンの負圧を利用せず、電動ポンプにより液圧を作り出すことで運転者のペダル踏力も支援する。軽量化とエンジンのポンピングロス低減、システム全体のコストダウンなどメリットは多く、今後は主流となりそうだ。

ヤにつながっていく。トヨタ自動車はハイブリッド車「プリウス」で、ESCを発展させたブレーキ・バイ・ワイヤを採用している。蓄圧室に油圧をためておき、ブレーキ作動時に各輪の油圧を高める。

　日産自動車の電気自動車「リーフ」も、ESCを発展させたブレーキ・バイ・ワイヤを採用している。モーターが回転することでマスターシリンダーの油圧を自動で調整して制動力を生み出す。いずれも、電源供給が途絶えるなど非常時にはブレーキペダルを踏み込んだ力で油圧を高めて制動できる仕組みになっている。

　昨今、"ぶつからないクルマ"といわれて話題になっている自動ブレーキについても、カメラやスキャナーなどのセンサー、画像認識システムなどの専用システムとの連携によるもので、ブレーキを制御する主体はESCなのである（**図10**）。

　ESCは車線逸脱警告機能やカー・ナビゲーション・システムと連動することで、より道路状況に柔軟に対応していくことも考えられる。自動運転にとって最も重要な技術の一つとして、ESCの技術は進化していくのである。

3 電動パワーステアリング（EPS）

ステアリング操舵力を支援
モーターの配置で3方式

パワーステアリングは、運転者のステアリングホイールの操舵力を支援するシステム。従来の油圧式に代わり、最近増えているのがモーターを使う電動式である。モーターを配置する位置によって主に、コラム式、ピニオン式（デュアルピニオン式含む）、ラック式の3種類がある（表）。

パワーステアリングは、元々エンジンで駆動するオイルポンプの油圧を使って操舵力を支援していた。1980年代後半に初めて電動化され、軽自動車に採用された。今や乗用車のほとんどが、電動パワーステアリング（EPS）を採用するほどになった。燃費性能向上のために、エンジンを停止したまま走れるようにしたフルハイブリッド車（HEV）、そして電気自動車（EV）の普及も、EPSの開発・実用化を後押しすることとなった。

最近はアイドリングストップ機構の搭載が一般化しつつあり、油圧ポンプを搭載し続けるのが難しいこともEPSへの移行が進む理由の一つだ。電動化すれば、操舵アシストのためにエンジンを作動させ続ける必要がなくなる。

電動化するメリットは、オイルポンプを駆動するエンジンの駆動損失低減、システムの簡素化による軽量化、油圧の作動音の解消による静粛性向上、油圧系のメンテナンスが不要になることなどもある。

ただ、油圧式のパワーステアリングにモーターを組み合わせた電動油圧式があるなど、油圧式も一部で根強い需要がある。油圧は大きな力を発生しやすく、衝撃の緩和や減衰など優れた部分があるためだ。電動式に完全移行するにはもう少し時間がかかりそうだ。

表 EPSの主な方式

構造の種類	コラム式	ピニオン式	デュアルピニオン式	ラック式
支援内容	ステアリングホイールの回転をコラム部で支援する	ステアリングホイールの回転をピニオン部で支援する		ステアリングホイールの回転をラック部で支援する
構造の特徴	ステアリングシャフト上部のコラム部にモーターや減速機、トルクセンサーを組み付ける	ステアリングシャフト下部のピニオンギアに、モーターと減速機、トルクセンサーを組み付ける	ラック軸に2本のピニオンギアがつながる。一つはステアリングシャフトの先のピニオンギアで通常の構成、さらにもう一つのピニオンギアにはモーターや減速機を組み付ける	ピニオンギアが噛み合うラック軸上に、ボールねじを組み込み、モーターでボールねじを駆動
利点	室内空間に支援機構を配置するため防水構造とする必要がなく低コスト	ステアリングシャフトの上側は従来(油圧パワーステアリング)と同じ部品が流用できる。部品点数が少なく、中型車までカバーできる他、低コスト	二つのピニオンギアを使うため、強度に優れ、大きな軸力を発生できる。直接的な操舵感の追求やモーター専用の独立したピニオンギアによりモータートルクの最適化が狙える	ボールねじの高い精度と強度により、大きな軸力の発生と、正確な操舵感を実現可能。高級車や大型SUV向き
課題	モーターからラック軸まで距離が長く、多くの部品の強度を向上させることが求められる。軸力の小さい小型車向き	ピニオンギア回りにモーターや減速機、トルクセンサーを配置するため、ピニオン部分の空きスペースが求められる。デュアルピニオン式は、さらにスペースが求められる		ラック同軸タイプでは、専用モーターが必要になる。ラック軸平行タイプでは、ボールねじが必要になりコスト増大

EPSの構成部品と動作の仕組み

EPSは、モーターやモーターのトルクを増幅する減速機、操舵力を検知するトルクセンサー、舵角を検知する舵角センサー、ECU(電子制御ユニット)で構成する(**図1**)。トルクセンサーには外力によって歪みを生じるトーションバー(ねじり棒)が組み込まれており、ホール素子や光学センサーにより操舵力を検知する。ECUは操舵力やステアリング舵角、車速などの情報から判断してモーターの駆動力を決定する。

モーターのトルクを増幅させる減速機には、樹脂製の歯車をウオームギアで回す構造が使われるのが一般的だ。これにより滑らかな作動を実現し、振動や異音を解消する。構造はシンプルで、ECUで制御することにより、速度や操舵の加速度、また直進状態への復元力の強さなども自在に調整して仕様を決定できるなど、自由度が高い。スポーツカーや高級車などは走行状態により支援力の切り替えモードなどを設定し、状況や運転者の好みに応じて支援特性を切り替えることも可能だ。

図1 EPSの基本構造
減速機とモーターを組み合わせて操舵力を支援する。減速機はモーターのトルクを増やすだけでなく、路面からの衝撃を吸収し滑らかで正確な操舵感を実現する役割もある。樹脂製のウオームホイールと鋼製のウオームギアを精密加工して仕上げた。写真はジェイテクトのデュアルピニオン式の例。

EPSは細かく5種類

　EPSの構造は大きく3種類、細かくは5種類に分かれる。コラム式、ピニオン式（デュアルピニオン式もある）、ラック式（ラック同軸タイプ、ラック軸平行タイプ）である。

　コラム式は、ステアリングホイールの付け根付近となるステアリングコラムにモーターを搭載する（図2）。インストルメントパネル裏側にある空間を利用して搭載する。ラック軸やピニオン軸などの機構は支援なしの仕様とほぼ同様である。利点としてはEPSユニットを防水仕様に仕立てる必要がなく、熱や振動による影響も少ない。

　ただ、ステアリングシャフトに支援した大きな力が加わるため、大きな操舵力を必要とする大型車には不向きといえる。そのため、この方式は小型車が主体となっている。

　ピニオン式は、ピニオンギア部分にモーターを搭載する（図3）。ステアリングシャフトやジョイントなどの上流部分は従来の機構のままである。ラックに噛み合うピニオンギアを直接駆動するため、コラム式と比べ、より大きな力を伝えやすい特徴である。しかし運転者の操舵力とモーターの駆動力をピニオンギア一カ所から伝えるため、ピニオ

第4章／シャシー

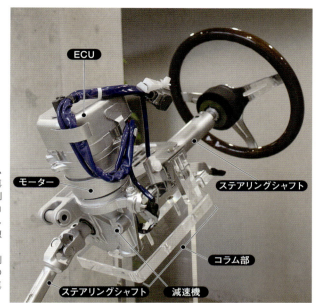

図2 コラム式EPSの構造
ステアリングシャフトのコラム部にモーターを搭載する。写真では見えないが、減速機の裏側にトルクセンサーを配置し、コラム部で支援システムが完結している。その反面、コラム部以降にEPSの力が伝わるため、大きな力を伝えるには各部の剛性を確保する必要がある。そのため小型車向きの構造だ。写真はジェイテクトのコラム式。

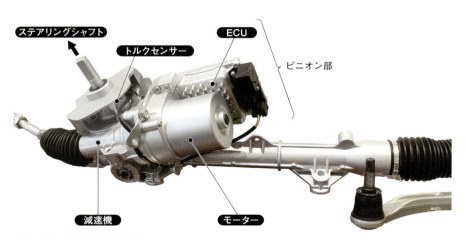

図3 ピニオン式EPSの構造
コラムシャフトからの操舵をトルクセンサーで測定し、ECUの判断でモーターを駆動する。支援システムはピニオン部に集約した。写真はジェイテクトのピニオン式。

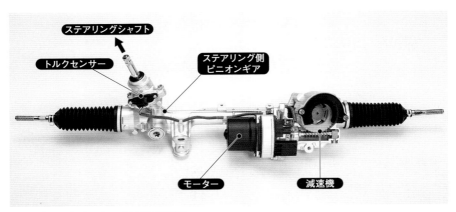

図4 デュアルピニオン式EPSの構造
ステアリング用ピニオン部にはトルクセンサーのみ搭載し、モーター用に専用のピニオンギアを備えるデュアルピニオン式。モーターや減速機などの構造はコラム式、ピニオン式と変わらない。ステアリング用ピニオンギア、モーター用ピニオンギアそれぞれの歯数を変えられるので、より軸力を高めるだけでなく、操舵感なども狙った特性に仕上げやすい。写真はショーワのデュアルピニオン式。

ンギアの強度面での問題と、ラックに対して不均等に力がかかることもあって、伝える力も限度がある。転舵軸に発生させることのできる軸力はコラム式と同様に、9kN程度までである。

　ピニオン式の弱点を補うのがデュアルピニオン式である（**図4**）。従来の操舵に用いているピニオンギアに加えて、操舵力支援専用のピニオンギアをラック上に追加し、こちらをモーターで支援するものである。ラックの支持が確実で力の伝わり方がより無理のないものとなるため、より大きな力が伝えられるようになった。それでも軸力限界は11〜12kN程度と見られており、Dセグメントの乗用車までをカバーすることが可能だ。

　ラック式は、ラック軸をモーターで駆動するシステム（**図5、6**）。ラック式は、モーターや減速機の配置を、ラック軸と同一にしたラック同軸タイプと、ベルトで平行に配置するラック軸平行タイプがある。ラック同軸タイプはケースが太くなり、搭載性が悪い。そのため、ラック軸周辺の空きスペースにモーターや減速機を配置できるラック軸平行タイプが主流となりつつある。ラック軸にモーターと噛み合うボールねじを組み込みことでラックに直接横方向の力を発生させる。

　ラック式の平行軸タイプは、モーターの汎用性にも優れるというメリットもある。強度と精度を確保しやすいことから大きな力を発生させることができ、NV（騒音・振動）

第4章／シャシー

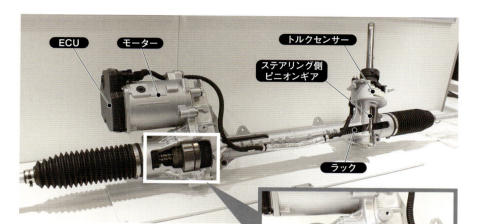

図5 ラック式EPS（ラック軸平行タイプ）の構造
ステアリング用ピニオン部やラックはデュアルピニオン式と同様だが、モーターの駆動はボールねじを使うラック式。ラック軸と同軸にモーターを配置する同軸タイプに比べ、写真のようにベルトを使いモーターをラック軸と平行に置くタイプは、ラックをスリム化できる他、汎用のモーターを利用できコスト面で有利。写真はBosch社のシステム。

図6 ラック式EPSのボールねじ部
ベルトで雌ねじ側を回転させると、ラックに刻まれた雄ねじとの間に詰められたボールが転がり、雄ねじを押し引きする。ボールねじは抵抗が少なく滑らかな動きと機械的強度に優れるため、大きな軸力と正確な操舵感を実現しやすい。

特性にも優れる。そのため従来油圧式でなければ軸力が不足していた高級車や大型SUV（スポーツ・ユーティリティー・ビークル）などで最近、採用が増えている。

電動油圧式もある

　パワーステアリングの構造には、電動式、油圧式に加えて、これら両方の構造を採用する電動油圧式もある。電動油圧式は、モーターで油圧を作り、油圧式パワーステアリングを作動させる。必要な時だけモーターを駆動するため、常時エンジンで駆動している油圧ポンプのような駆動損失がない。さらに最も軸力が必要なアイドリング状態での据え切りを想定したポンプ性能に設定しても、エンジンの負担がないのも利点である。

　大型乗用車や大型SUV、バス、トラックなどは、依然として油圧式パワーステアリングを採用しているが、これらについてもいずれは電動化が進むものと思われる。その

理由としては更なる効率化、軽量化以外にも電動化しなければ実現が難しい機能があるからだ。それはADAS（先進運転支援システム）への対応である。

ADASでもEPSが重要に

最近、ADASの急速な普及が進んでいるが、これに関してもEPSの存在は欠かせない。自動ブレーキや先行車追従機能（ACC）など加減速に関わる装備以外の運転支援には、操舵系の制御が必要となるからである。

車線逸脱警報など、警告音やステアリングの振動で警告するものにも、EPSが役に立っている。ECUがモーターを制御することでステアリング操作を実現する。車線維持支援システムなど、より積極的なステアリング制御も基本的には同様である。

さらに進んだ操舵の制御方式として、ステア・バイ・ワイヤーの導入が進められている（図7）。これは運転者の操作を信号に置き換え、モーターのみで操舵するものである。

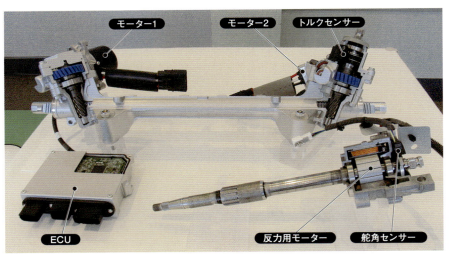

図7 日産「スカイライン」に採用したステア・バイ・ワイヤー・システム
ダブルピニオン式のラックを用い、ステアリング用ピニオンギアにもモーターを組み込み、ステアリングホイール側には舵角センサーを備えて、運転者の操作をECUによりモーターで再現する。路面からの衝撃や外乱などをステアリングホイールには伝えず、操舵の反力のみモーターで伝える。システムダウンの対策として各モーターそれぞれに専用ECUが与えられて、単独でも機能できるようになっている。さらにコラムシャフトとステアリング用ピニオン部の間にはクラッチがあり（写真にはない）、電源が遮断されると瞬時にクラッチが締結され、機械的にコラムシャフトとステアリング側ピニオンギアが連結されるようになっている。写真はKYBのシステム。

現在、日産自動車が上級セダン「スカイライン」に搭載し自然な操舵感を実現している。これにはシステムエラーやシステムダウン時に、機械的にステアリングシャフトを連結させるクラッチ機構が備わっている。

　機構そのものはステアリングホイール側には反力を発生させるためにコラム式EPSと似た構造を搭載し、ラック側はデュアルピニオン式EPSをベースに、両側のピニオンギアをモーター駆動とすることで、バイワイヤー化を図っている。

システム二重化で信頼性確保

　EPSの最大の弱点は、電子制御ゆえのエラーや故障に対する信頼性である。特にステアリング機構は支援を失うだけで一般の運転者にとっては操作不能に陥る恐れがある。そのため最近はモーターやセンサー、ECUの二重化など、システムに冗長性を付与して安全性を高めている。

　ADASの普及に伴い、さらにロバスト性（外的要因への堅牢性）が求められることになる。ステア・バイ・ワイヤー・システムにおいても冗長性を確保しつつ、最終的にはステアリングホイールと、ラック軸やピニオン軸は機械的なつながりを廃し、より自由度のある設計とステアリング特性を得ることになっていくと思われる。

4　4輪駆動システム（上）

高速走行時の安定性高める
センターデフの違いで4種類

現在、自動車メーカーが積極的に採用を進めているのが4輪駆動（4WD）システムである。目的は、滑りやすい路面や高速走行時の安定性を高めること。特に、差動装置としてデファレンシャルギアを設けて常時4輪で走行する、機械式の「フルタイム4WD」への期待は高い。

　4WD車はオフロードでの走破性を高めるための技術——。そう思われがちだが、実際には過酷な環境での走行を想定したものは少数派だ。自動車メーカーが乗用車で4WDを採用する主な動機は、滑りやすい路面での発進や加速性能の向上、および走行安定性を高めることだ。さらに、高速走行時の安定性の向上にも寄与する。

　走行安定性を高める目的で4WDを活用する技術に先鞭をつけたのがドイツAudi社だった。その後、SUV（スポーツ・ユーティリティー・ビークル）の人気が高まったことも手伝って、4WDの需要は年々増えている。最近では、トヨタ自動車が4代目となるハイブリッド車（HEV）「プリウス」で、同車初となる4WDの設定に踏み切ったほどだ。

　クルマは、エンジンの駆動力を路面に伝えている状態だと走行安定性を維持しやすい。4輪に駆動力を分散する4WDは、タイヤのグリップ力を有効に使い、駆動力を路面に確実に伝えられる。一方の2輪駆動（2WD）車だと、前後どちらかが駆動輪のため、オーバーステアやアンダーステアという状態を招きやすい。

フルタイム4WDのメリット

　4WDにはいくつかの方法があるが、高い走行安定性を実現するために自動車メーカーによる採用が増えているのが「フルタイム4WD」だ。前後輪にトルクを配分する機

構に差動装置となるデファレンシャルギアを設置することで、常時4輪で走行できるようにしたものである。

　クルマは、コーナリング時に駆動輪左右の内輪差を吸収してスムーズな走りを実現するために、デファレンシャルギアを備えている。この機構を前後車輪の回転差を吸収する機構にも使うのがセンターデフである。前後輪を直結してしまうと、路面の摩擦係数（μ）が高い乾いた舗装路では、ハンドルを大きく切るとブレーキがかかったような現象が起こる。

　そこで、フルタイム4WDは、前後の回転差を吸収するセンターデフを備えるのが一般的だ（図1）。例えば、FR（前部エンジン・後輪駆動）ベースのフルタイム4WDでは、変速機の後端にトランスファーを設け、フロントデフへと駆動力を分配している。トランスファー内部にはセンターデフが組み込まれている。

　フルタイム4WDはその構造により、機械式と電動式に分かれる。ギアだけを使ったものを機械式と呼ぶことがあるが、本稿ではエンジンの駆動を4輪に分配する機構はすべて機械式に分類した。電動式はエンジンの駆動力を4輪に伝えるのではなく、エンジンが前輪、モーターが後輪といったように駆動力が完全に分離しているものとした。

図1　一般的なFRベースのフルタイム4WD
縦置きエンジンでのクルマをフルタイム4WD化した例。

HEVや電気自動車（EV）などで採用されおり、そうした4WDについては次回解説する。

主流は傘歯車や遊星歯車

　機械式のフルタイム4WDは、センターデフの違いで4種類ある（**表**）。

　一つめの「機械式」は、ギアの組み合わせにより前後輪に駆動力を配分するもの（**図2**）。機械式フルタイム4WDと言うと、通常はこの方式を指す。ベベルギア（傘歯車）を組み合わせたものや遊星歯車を利用したものがある。変速機からの駆動力をトランスファーによって前後輪に分配するが、前後のデフギアでギア比をわずかに変えることで、前後のトルク配分を設定できる。

　通常は4輪に駆動力を分配することで高い安定性、走破性を実現するが、FF（前部エンジン・前部駆動）やFRのデフギアと同様、一方の駆動輪が空転してしまうと車体全体で駆動力を失ってしまう。それを防ぐために差動を制限するLSD（リミテッド・スリップ・デフ）やデフロック機構を備える車種もある。

歯車機構だけで差動制限を実現

　二つめの「トルセン式」は、歯車機構だけで差動制限できるもの（**図3**）。変速機から

表　機械式フルタイム4WDの種類

名称	構造	特徴
機械式	傘歯車や遊星歯車により前後輪にトルクを分配。前後のトルク配分はギア比によって決まる。	片側の駆動軸が空転してしまうと、もう一方へも駆動力が伝わらなくなってしまうため、悪路走行に用いるにはデフロック機構などが必要。
トルセン式	ウォームギアを組み合わせた複雑なデファレンシャルギアを備える。片側に伝達トルクが集中すると、ピニオンギアにねじり応力が発生し、歯面の噛み合いが大きくなることで、反対側に駆動力を伝える自己LSD作用を持つ。	平常時は50：50のトルク配分を行ない、片側のトラクションが失われることで差動機能が制限される。トルク伝達力をセンターデフとしては差動制限装置ともなるため、デフロックなどは基本的に不要。
ビスカスカップリング式	内部を高粘度の液体で満たした流体クラッチを用いる。主たる駆動輪が空転し、補助駆動輪と回転差が生じることで、補助駆動輪に駆動力が伝わる。	軽量で制御機構を必要とせず、トランスファー以降はユニット単体でフルタイム4WDとして完結。そのため軽量でコストも抑えられる。
多板クラッチ式	トランスファーで分配した駆動力を、多板クラッチの制御によって補助的な駆動軸に伝え、トルクを変化させる。	軽量でトルク配分の可変制御に優れる。ベースのシャシー特性にかかわらず、トルク配分を制御することでハンドリング特性をも変化可能。

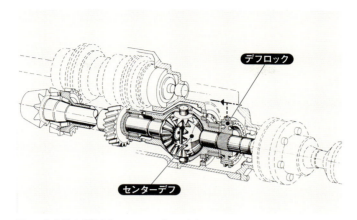

図2 古典的な機械式センターデフの例
傘歯車を組み合わせた機械式センターデフは、前後車軸のデフギアと基本的には同じ構造。間に収まるピニオンギアにより差動機能を実現する。図はAudi社の4WD技術「quattro」のセンターデフ機構で、デフロックはプロペラシャフトと噛み合うスリーブがスライドし、デフキャリアとも噛み合うことでデフを無効化する。

図3 トルセン式センターデフの例
Audi社「A4 quattro」の4WDシステム。DCT（デュアル・クラッチ・トランスミッション）クラッチを搭載した縦置きの変速機に、トランスファーやセンターデフ、フロントデフを一体化した。変速機を通じてトルクを増減した駆動力は、トランスファーを介して前後に分配される。後輪方向に延びるシャフトの後端にトルセン式センターデフを備えることで、トルク配分と差動制限を実現。

の駆動力はハウジングに伝えられ、通常時は前後輪に駆動力が均等に伝えられる。しかし、操舵時など前後タイヤの回転数が変わると、内部にあるエレメントギアが回ってタイヤ回転数の差を吸収する。

　このエレメントギアの構造は複雑で、例えばウオームギアと平歯車を組み合わせたものがある。歯車形状の違いが歯面抵抗を生む。具体的には、前後車軸で大きく回転数が異なるとエレメントギアも速く回ろうとするが、歯面抵抗が大きくなることで一定以上の回転数になることを妨げている。これにより差動制限が生じ、トラクション性能を高める仕組みだ。

　ギアの組み合わせ方にはいくつかの種類がある。不等長のピニオンギアを組み合わせたものは、ピニオンギアを軸方向で支持せず、ねじり応力を利用して歯車の噛み合い抵抗を増減させる。遊星歯車機構を用いたものは、ギア比により前後で異なるトルク配分を実現可能だ。

　センターデフにデフロック機構を設け、主たる駆動軸にトルセン式LSDを組み込むことで走破性を高めている4WDもある。

ギアを使わず流体クラッチで

　三つめの「ビスカスカップリング式」の大きな特徴は、歯車を使わずにフルタイム4WDを実現している点（図4）。ビスカスカップリングは流体クラッチの一種で、互い違いに重ねられたディスクを収めたハウジング内を高粘度の液体で満たしたものである。通常は主たる駆動軸だけに駆動力を伝え、前後のタイヤに回転差が生じた時にもう一方の駆動軸に駆動力を伝える。

　ビスカスカップリング式は構造が簡易で、小型車への採用が進む。質量増を抑えられると共に、複雑な制御も不要という利点があるためだ。この方式が特に活躍するのが、冬季に雪が降る地域。小型乗用車でもフルタイム4WDの割合が高い。

　難点は、主たる駆動軸が空転してからもう一方の駆動軸へ駆動力が伝わるため、一瞬の反応遅れが見られることである。だが、一般道を通常走行するような状態では実用上問題ない。

第4章／シャシー

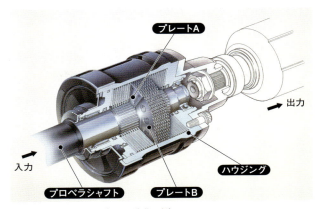

図4 ビスカスカップリング式の例
トランスファーからドライブシャフトを通じて伝わってくる駆動力は、中心のスプラインで噛み合ったプレートAに伝えられる。通常走行時はFFでも前後輪の回転差は少ないため、ここに駆動力が発生することはない。しかし、主たる駆動軸が空転し、前後輪に回転差が生じるとカップリング内にも回転差が生じることで液体が撹拌されプレートBに駆動力が伝わる。

図5 多板クラッチ式の例
図はAudi社が採用した最新のハルデックスカップリングで、専用ECU（電子制御ユニット）を備える。電動油圧によりクラッチディスクを押し付ける力を調整することで、トルク配分を変化させる。

多板クラッチでトルクを変化

　四つめの「多板クラッチ式」は、トランスファーで分配した駆動力を、多板クラッチの制御によって補助的な駆動軸に伝え、トルクを変化させるもの。多板クラッチの代表例が、電子制御式オイルポンプで作動する「ハルデックスカップリング」である（**図5**）。

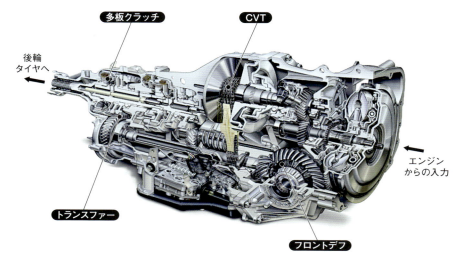

図6 富士重工業の多板クラッチ式のシステム
チェーン型CVT（無段変速機）とフルタイム4WDを一つのユニットに収めている変速機。変速機後部で出力し、トランスファーを介してフロントデフまでシャフトで駆動力を伝達する。フロントデフまでは機械的に結合されていることから、基本はFFであることが分かる。トランスファーの後部に多板クラッチを設け、リアデフへのトルク配分を調整する。

　多板クラッチ式は一見、ビスカスカップリング式に似ている。だが、ビスカスカップリング式が主の駆動軸が滑っていくほどにもう一方の駆動軸に駆動力を伝達するのに対し、この方式は多板クラッチを油圧や電動で制御するため、前後のトルク配分を自由に設定できる。補助的駆動軸にも常時駆動力を伝えられる（**図6**）。
　同じ構造のまま制御パラメーターを変化させることでハンドリング性能なども自在に調整可能だ。このため現在、最も洗練された機械式フルタイム4WDの方式として高級車を中心に採用が進んでいる。

制御でシャシー特性を調整できる

　多板クラッチ式のフルタイム4WDを油圧、あるいは電動により制御して前後の伝達トルク制御に用いることで、エンジンの搭載位置やベースとなるレイアウトに関係なく自由なシャシー特性を与えることができるようになってきた。すなわちFFベースの4WDでもFR的なシャシー特性を与えることが可能なのだ。主たる駆動輪を前後どち

らで設定するか、トルク配分の特性などのチューニングによりシャシー特性を大きく変えられる。

　実際にはエンジンの搭載位置など質量配分にも影響は受けるが、前輪タイヤへのトルク配分の比率が高ければFF車に近い直進安定性優先のシャシーとなる。後輪タイヤへのトルク配分が高ければ、前輪タイヤはコーナリングフォースにグリップをより多く使えるため、ハンドリング性能が向上するというわけだ。

　多板クラッチを完全に締結すると基本的には前後で50：50のトルク配分になる（さらにギアなどにより前後で差を付けている場合もある）。しかし主たる駆動輪側は変速機とギアによる結合をしており、常に駆動トルクの供給を受けている。

　任意に、あるいは自動的に前後のトルク配分が変化した場合、主たる駆動軸への駆動力は常に安定している。これにより、駆動トルクの変動によるハンドリング特性の変化は少なく、タイヤのグリップが失われつつある状態でも、高い安定性と操縦性を実現しやすいのである。

　多板クラッチは差動制限装置も兼ねるが、前後輪軸にはそれぞれデフギアが組み込まれるため、片輪が空転するほどの状態になると、残る駆動輪は駆動力を失ってしまう。それを防止しながら高い走破性を維持するため、低μ路での走行の際に備えて空転する車輪にのみブレーキをかけることで、他の3輪に駆動力を分配するECB（電子制御ブレーキシステム）を搭載して差動制限する車両も増えている。

前後トルクを常に最適配分

　またフルタイム4WDの高い安定性を直進性だけでなく、コーナリング時にもより積極的に活用するため、トルクベクタリングを導入するクルマも現れた（**図7**）。日産自動車が開発した「ALL MODE 4×4-i」は、前後トルク配分を常に最適に制御し、雪道や滑りやすい路面でも安定した走りを実現したという。同社の「エクストレイル」や「ジューク」などで採用されている。

　システムとしては、センターデフを持たずトランスファーからリアデフ（厳密には差動機構はない）まで駆動力をそのまま伝え、後輪車軸上の左右にそれぞれ多板クラッチを設けている。これにより後輪左右の駆動力を調整し、センターデフとリアデフの機能を一体化した。

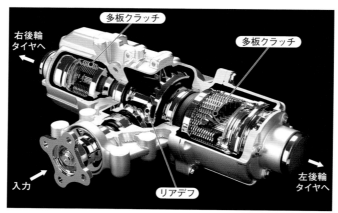

図7 日産自動車の多板クラッチ式のシステム
一般的にはセンターデフによって前後輪の回転差やトルク配分をコントロールするが、日産自動車の「ALL MODE 4×4-i」は、センターデフをもたずトランスファーからリアデフまで駆動力をそのまま伝え、後輪車軸上の左右にそれぞれ多板クラッチを設けている。

　さらに積極的にトルク配分を制御することでコーナリング時の旋回性能を高めるトルクベクタリングとしても機能させており、悪路走行時にはデフロックとしても働く。トルクベクタリングの搭載は、今後増えそうだ。

5　4輪駆動システム（下）

モーター使う電動4WD
環境性能向上にも寄与

4輪駆動（4WD）車は、操縦安定性や安全性を高められるのが特徴だ。最近では、ハイブリッド車（HEV）や電気自動車（EV）などの普及に伴い、モーターを使って4WDを実現する例も増えている。前回の機械式に続いて、今回は電動式4WDを解説する。

　フルタイム4WD（4輪駆動）は従来、エンジンの駆動力を4輪に分配する機械式しかなかったが、最近ではエンジンとモーター、もしくはモーターのみで駆動する電動式4WDが増えている。電動化することで、プロペラシャフトが不要となるメリットもある。プロペラシャフトを省くことで、車体の大型化やロングホイールベース化など、設計の自由度を高められる。

　電動式4WDは従来、電池やモーターの搭載による質量とコストの増加が課題で、採用例が少なかった。最近では、ハイブリッド車（HEV）の普及に伴い電動式4WDの特徴である、回生充電や発進加速時のアシストといった燃費改善のメリットが重視されるようになり、電動式4WDが見直されている（**表1**）。モーターや電池など電動駆動システムのコストが下がることにより、この傾向はますます進みそうだ。

電動式4WDは3方式

　ここでは、エンジンとモーターを搭載する、もしくはモーターのみで4輪を駆動する方式を「電動式4WD」と定義する。同4WDは、主に（1）エンジン/モーター協調型、（2）エンジン/モーター独立型、（3）オール電動型——の三つに分けられる（**表2**）。

　（1）エンジン/モーター協調型は、エンジンとモーターの駆動力を組み合わせて4輪を駆動する。電気自動車（EV）モードの場合は、電動式4WDとして働く。

表1 フルタイム4WDの機械式と電動式の比較

4WDの種類	機械式（モーターなし）	電動式（モーターあり）
定義	エンジンだけで4輪を駆動する	エンジンとモーターの組み合わせ、もしくはモーターのみで4輪を駆動する
メリット	モーターがなくても、エンジンだけで効率良く4輪に駆動力を分配できる。4輪が機械的につながっているダイレクト感が、走りの安定感を生み出す	エンジン出力と関係なく、駆動力を調整できる。プロペラシャフトなど強度部品の追加がなくても済む場合がある。回生充電で燃費性能を高めることが可能
デメリット	プロペラシャフトをフロア下に配置するため、フロア形状などに制約がある	モーターや電池などの部品が必要となり質量、コスト面で不利
その他、構造の特徴	トラクションを確保するためLSDなど差動制限デバイスが必要（ビスカス式などオンデマンド型4WDを除く）	モーター走行の減速時にエネルギー回生できる

表2 主な電動式4WD

	エンジン/モーター協調型	エンジン/モーター独立型	オール電動型
構造	エンジンとモーターによる駆動力を4輪に分配。エンジンだけでなくモーターの駆動力もプロペラシャフトを介して前後輪へ伝える	エンジンが前輪あるいは後輪を駆動し、モーターは残る駆動輪を動かす。プロペラシャフトを持たない、HEVといえる	前輪と後輪に独立したモーターを配置し、4輪を駆動。プロペラシャフトは不要。シリーズHEVの場合、エンジンは発電専用となる
特徴およびメリット	ダイレクト感の高い機械式4WDのフィールと低燃費を両立。電池搭載量を抑えたままHEVの4WDを実現できる	PHEVなど、電池搭載量が多いことによる質量増をカバーする燃費性能を実現できる	エンジン車と比べて、走行フィールは異なるが、力強い走りと低燃費を両立。HEVやEVの効率をさらに高められる

（2）エンジン/モーター独立型は、エンジンで前輪もしくは後輪を駆動し、もう一方の駆動輪をモーターが駆動するタイプ。エンジンにモーターが組み合わされ、前後輪のどちらにもモーターを備えるタイプも含まれる。

（3）オール電動型は、エンジンを搭載していても、主たる駆動はモーターが担う。EVの4WDとシリーズ型HEVに近い構造の三菱自動車「アウトランダーPHEV」などが含まれる。

協調型は機械式4WDから発展

エンジン/モーター協調型の4WDは、欧州で普及している縦置きAT（自動変速機）のトルクコンバーターにモーターを組み合わせたハイブリッドシステムが典型例である（**図1**）。トランスファーを介して前後輪に駆動力を分配する。

第4章／シャシー

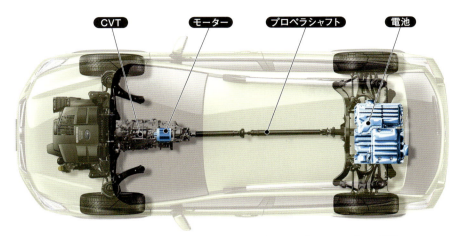

図1 エンジン/モーター協調型の電動式4WD（富士重工業の「XVハイブリッド」）
CVTのプーリー後端にモーターを組み込み、トランスファーを介して4輪に駆動を分配する。機械式フルタイム4WDにモーターを追加したもの。

　ドイツBMW社「X5eDrive」や同Porsche社「Porsche Cayenne S E-Hybrid」、同Audi社「Q5 hybrid quattro」、同Volkswagen社「Touareg Hybrid」など主にハイブリッドSUV（スポーツ・ユーティリティ・ビークル）に採用されている。日本メーカーでは、富士重工業の「インプレッサ」「XV」のHEVもこれに含まれる。トヨタ自動車のHEV「レクサスLS600h」、「クラウン」のHEVの4WD仕様も、同様の構造だ。

　これらは変速機内にモーターを持つパラレル式HEV。EVモードでの走行時には、モーターによるフルタイム4WDを実現する。前部エンジン縦置き変速機の機械式4WDをベースとしているためプロペラシャフトがあり、電動式4WDとしての効率は高いとはいえないものの、EVモードによる走行も可能であるため広義では電動式4WDに含まれる。

　協調型は、エンジン/モーター独立型へ移行する前の過渡的仕様ともいえるモデル。機械式4WDの持つダイレクトな駆動感と低燃費を両立できる構造として、しばらくはSUVや高級車のHEVモデルを中心に搭載が続くだろう。

現在の主流は独立型

　そして現在最も普及している構造が、エンジン/モーター独立型の電動式4WDであ

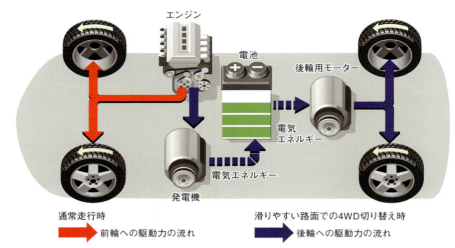

図2 エンジン/モーター独立型の電動式4WD（トヨタ自動車のE−Four）
前輪はモーターとエンジンを組み合わせて駆動するが、後輪はモーターのみで駆動する。発進時は前後のモーターで4輪を駆動し、減速時は前後モーターで回生発電する。ただし新型「プリウス」の後輪用モーターは回生しない。

る。トヨタ自動車は「THS（トヨタ・ハイブリッド・システム）」の補助的駆動輪として、後輪にモーターを追加した「E−Four」を実用化している（**図2**）。ハイブリッドといえば燃費重視とばかり思われていたが、同社はSUVにE−Fourを搭載して本格的な加速と低燃費を実現させてHEVに新たな可能性を生み出した。

「エスティマ」「アルファード/ヴェルファイア」、2015年12月に発売した新型「プリウス」にも設定される。

発進時には前後のモーターで4輪を駆動し、状況によって前部のモーターのみ、エンジンのみ、エンジン＋前後モーターといったように効率良く駆動力を引き出し、減速時には回生充電する。駆動力と燃費性能を兼ね備えたシステムである。フランスPeugeot社も車両前部にエンジン、後部にモーターを配置したHEVシステム「Hybrid4」を実用化している。

ホンダが2015年2月に発売した新型「レジェンド」は、前輪をエンジンとモーターで駆動し、後輪は左右独立に制御するモーターユニットで動かす電動式4WD車である（**図3**）。発進時には後部のモーターによるスムーズで強力な加速が味わえるほか、コーナリング時には後輪左右のトルクを制御してコーナリングフォースを発生するトルクベ

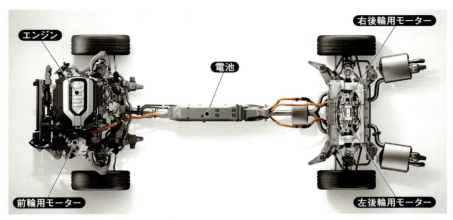

図3 エンジン/モーター独立型の電動式4WD（ホンダ「レジェンド」）
前輪はエンジンとモーターで駆動。プロペラシャフトをもたず、センタートンネル内にHEV用の電池を備える。後輪は左右独立式のモーターで駆動し、コーナリング時にはトルクを調整することでトルクベクタリングを実現する。

クタリングを実現している。

　エンジン/モーター独立型の電動式4WDは制御さえ確立できれば、構造としては比較的シンプルにできるシステムであり、今後増えていく可能性が高い。

スポーツカーで電動式4WD普及

　スポーツカーを中心に、エンジン/モーター独立型の電動式4WDが普及の兆しを見せている。ホンダが近く発売予定のスポーツカー「NSX」は、ミッドシップにV型6気筒エンジンを縦置きにして、9速DCT（デュアル・クラッチ・トランスミッション）にモーターを組み合わせ、前輪をモーターで駆動する電動式4WDである。

　これはエンジンレイアウトの違いこそあれ、レジェンドのパワートレーンを前後反転させたものと考えられる。前輪の駆動モーターは左右独立であり、コーナリング時には外側前輪の駆動力を増やしてコーナリングフォースを発生させるだけでなく、内側前輪は回生充電することで電気エネルギーとして回収できる。

　BMW社「i8」は前輪をモーター、後輪をエンジンで駆動するPHEVのスポーツカーである（**図4**）。こちらはNSXほど性能を追求した高性能モデルではなく、前部のモーターでEV走行を実現し、後輪はガソリンエンジンによる駆動でトータルでの動力性能

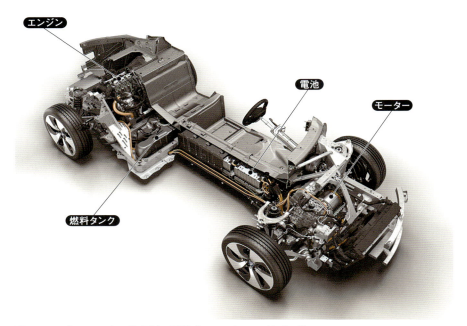

図4 エンジン/モーター独立型の電動式4WD (BMW社「i8」)
後輪はエンジンで駆動し、前輪はモーターで駆動する。EVモードではFF、電池充電量が少ない状態ではMR、強い加速が必要な時にはモーターとエンジンの4WDで走行する。エンジンにはスターター兼オルタネーターが付く。

を確保しながら、環境性能を高めている。

　Porsche社「918 Spyder」はBMW社のi8と同様に、前輪をモーターが駆動するミッドシップカーだが、後輪は強力なエンジンと変速機に内蔵されたモーターが駆動することでより動力性能を高めている（**図5**）。

　これらスポーツカーに電動式4WDが導入された目的は大きく分けて二つある。一つは燃費や排ガス規制への対応。発進や低速時、緩加速時にはエンジンによる駆動を減らし、モーターを積極的に利用することで燃費性能を高め、排ガス規制をクリアすることができるのだ。

　そして進化するスポーツカーらしい動力性能を実現するためにも電動式4WDは貢献できる。ミッドシップに配置した強力なパワーユニットで生み出す駆動力は、たびたびリアタイヤのグリップを超えることもある。もちろんESC（横滑り防止装置）によりエ

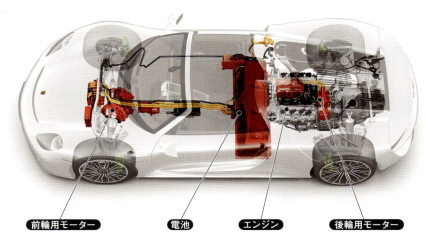

図5 エンジン/モーター独立型の電動式4WD（Porsche社「918 Spyder」）
V型8気筒エンジンをミッドシップに縦置きし、変速機にはモーターを組み合わせる。EVモードではモーターで走行するほか、エンジンで走行している場合に安定性を高めるために前輪をモーターで駆動する。

ンジンパワーが抑制され、4輪のブレーキを独立制御することにより走行中の安定性は高められるが、モーターで前輪に駆動力を伝えることで、速さを損なうことなく車体を安定させるために利用するのである。スポーツカーの4WD化が進む中で、より先進的で環境性能も備えた電動式4WDを採用したモデルは、今後も登場すると予測できる。

なお、EVベンチャーでは前後にモーターを搭載したEVのスポーツカーを開発している。例えば、米Tesla Motors社「モデルS」は前後にモーターを搭載した4WDを発売している。

また、クロアチアのRimac社は「Concept_One」という4WDのEVスポーツカーを市販化に向けて開発を進めている。同車は、左右一体型のモーターを前後に備えトータルで1000kW、1600N・mの大トルクで静止から2.8秒で100km/hに到達する加速力を誇る。高出力型EVは高電圧の充電インフラを必要とするため、普及にはまだ時間がかかることが予想されるが、技術的にはEVベンチャーでも開発可能であることを証明している。

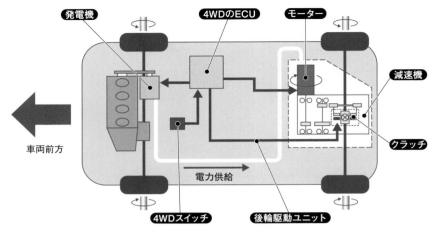

図6　簡易型の電動式4WD（日産自動車「マーチ」のe-4WD）
前輪がホイールスピンを起こし、前後輪で回転差が生じるとECUがクラッチを接続すると同時に
モーターに電力を供給し、後輪を駆動して4WDになる。発進や上り坂などの補助動力だ。

アウトランダーPHEVはオール電動型

　三菱自動車の「アウトランダーPHEV」は、主にモーターで4輪を駆動するオール電動型だ。前後にモーターを配置し、車輪の駆動はモーターが担い、エンジンは基本的に発電機を駆動するために作動する。変速機を持たず、高速域では前輪にエンジンの駆動力を伝えることで、モーターのアシストとして活用している。エンジンの燃費の良い領域だけモーターの補助に使う、これまでとは逆の発想ともいえるHEVである。

　さらに簡易型電動式4WDといえるシステムも存在する。日立オートモティブシステムズが開発・生産し、日産自動車「マーチ」やマツダ「デミオ」などに搭載している「e-4WD」と呼ぶものだ（**図6**）。システムとしてはFF（前部エンジン・前輪駆動）車のリアタイヤをモーターで駆動し4WDとするが、モーターを駆動する電池を搭載せず、エンジンによる発電をそのままモーターに送電する。30km/h以下の速度域でのみ機能することから、マイルドHEVに近い、あくまでも発進時の補助的駆動として用いられている。

　FFベースの4WD車は、今後も電動化が進む可能性が高い。後輪をモーターで駆動する電動式4WDのHEVとすることにより、進化発展できる余地がある。質量配分の適正化や低重心化など、環境性能以外にも質量増を補うメリットがある。

6　トルクベクタリング機構

駆動輪左右のトルクを制御し旋回力を生み出す

ステアリング操舵で前輪の角度を変える以外にも、車両に旋回力を生み出させる方法がある。(1) 駆動輪の左右のトルクを可変制御、(2) ESCで左右輪の片方に制動力をかける、(3) ステアリングホイールの操舵に連動して前輪だけでなく後輪も回転させる４輪操舵――の三つである。

　車体や駆動系を設計・開発するエンジニアはこれまで、直進安定性を高めながらスムーズな旋回を実現する機構を築き上げてきた。車体やホイールベースの延長、サスペンションの進化により、直進安定性は従来より格段に高まった。半面、車両質量の増加や車両サイズの拡大は、取り回し性やコーナーでの走行性能を悪化させる要因となっている。

　乗り心地を損ねずに旋回性能を高めるため、ステアリングホイールで前輪の角度を変えるだけでなく、車体の向きを変える力を発生させるデバイスを搭載したクルマが増えつつある。それが"トルクベクタリング機構"に代表される、車輪の駆動トルクを制御する機能である。

　トルクベクタリングは、駆動輪の左右の回転トルクを可変にすることで旋回力を生み出す技術。エンジンで発生したトルクを左右輪で可変にするものや、左右輪の片方に制動力を加える機構が含まれる。ステアリングの操作に連動して前輪だけでなく後輪を操舵する４輪操舵は、トルクベクタリングではないが、車両に旋回力を生み出させる点で、同じ効果を狙ったもの（**表**）。

　エンジンのトルクを利用してクルマに旋回方向の力を発生させる技術は、元々はモータースポーツで利用され始めた。エンジンの駆動力を駆動輪に分配するデファレンシャルギア（デフギア）は、コーナーなどを曲がる際に、左右の駆動輪に回転差を生じさせ

表 クルマの旋回性能を向上させる主な技術

種類	トルクベクタリング		4輪操舵型
	駆動力制御型	ブレーキ制御型	
仕組み	デファレンシャルギアの両側に多板クラッチを備え、トルクの伝達率を変化させることにより、左右の駆動輪に積極的に異なる駆動力を伝え、車体に旋回モーメントを発生させる	四輪それぞれのブレーキを独立して制御することにより、カーブの内側車輪に制動力を与え、旋回モーメントを発生させる	前輪の操舵に連動して後輪を回転させることにより、旋回モーメントを車体全体で発生させる
特徴	エンジンで発生するトルクを利用して、旋回する力を生み出す。損失は少ないが、FRや4WDなど後輪を駆動する車両にしか搭載できない	ESCを搭載している車両であれば、制御ソフトを組み込むだけで導入可能。駆動輪に制動力をかけることで、反対側の駆動輪の駆動力を高める効果もある	前輪とは逆の方向に転舵させる逆位相により大きな車体でも俊敏な動きや小回り性を向上できる。高速道路の車線変更などでは同位相に転舵させることにより安定性を高める
課題	デファレンシャル・ギア・ユニットの構造が複雑になり、コスト高、質量増になりやすい。摩耗による機能低下、故障によっては駆動力の伝達不能に陥るものもある	旋回性能を高めて操縦安定性を向上させることはできるが、制動によるエネルギーロスがあり、燃費性能ではマイナス	リアサスペンション回りの構造が複雑になり質量増、コスト高。可動部分が多いため、経年劣化により本来の走行性能を維持していくためのコストも上昇

る。外輪をより早く回し、内輪をゆっくりと回転させることで、車体をスムーズに旋回させる。

だが、この構造はロールなどにより内輪のグリップが低下しタイヤが空転してしまうと、外輪の駆動力も失われてしまうという問題がある。発進時や加速時に、こうした空転を防ぎトラクション性能を高めるためにモータースポーツ用のデフギアであるLSD（リミテッド・スリップ・デファレンシャル）が使われている。ただし、LSDは回転差を制限する機構であるため、曲がりにくくなる。その結果として後輪を旋回させやすくするためにサスペンションのジオメトリーやアライメントを調整したり、運転操作によってアンダーステアを打ち消したりすることが求められる。

このLSDの弱点を解消したのがトルクベクタリング機構である。そもそも同機構は、高速安定性を高めるためにロングホイールベース化し続けるレーシングカーの旋回性能を高めるために開発された。左右の駆動輪に積極的に回転差を与えることで旋回性能を向上させる目的であった。

一方、市販車にとっては乗り心地と直進安定性という、快適性と安全性を両立した上で、操縦安定性も高めようとする要求がトルクベクタリング機構の導入につながった。

直進安定性を高めることで運転者は安心し、リラックスして高速巡航できるようになる一方で、ステアリングホイールを切れば即座に車体が反応することにより、応答性の高い運転が楽しめるようになる。車両質量も増加傾向にある中、車体の大きさや重さを感じさせない技術としてトルクベクタリング機構を搭載する車両が増加傾向にあるのだ。

コーナリングの問題点

　コーナーを曲がる場合、重心とロールセンターの関係から、まずロール（車両左右方向への回転力）が起こり、それに対して抗力が高まることで旋回モーメントが立ち上がる。乗り心地を高めるため、サスペンションのストロークを大きく取ると重心も高まることになり、操舵によるロールは大きくなってしまう。

　近年人気の高いSUV（スポーツ・ユーティリティー・ビークル）は、車輪の外径が大きく、重心も高くなる傾向にあり、操作による姿勢変化も大きい。ロールが大きくなると横転の危険が高まり、内輪の接地性悪化によるアンダーステアが大きくなる。操舵によるロール量を抑えて、操縦安定性を高めることが求められるが、サスペンションの強化などによってロール剛性を高めることは乗り心地の低下につながりやすい。

　前輪の向きを変える旋回と異なり、トルクベクタリングは車輪に直接旋回モーメントを発生させるため、ロールの発生が少ない。後輪左右の駆動力を変化させるものは後輪操舵と同じく、わずかな左右差でも旋回モーメントを発生させることができるため旋回性能の向上に効果的なのである。

　トルクベクタリングは本来、左右輪の駆動力を制御してクルマに旋回モーメントを発生させるものであるが、制動力を制御して同様の効果を得ようという機構も自動車メーカーによってはトルクベクタリングと呼んでいる。これ以外にも前輪を操舵する以外に積極的に旋回性能を高める装置としては4輪操舵もあり、ドイツBMW社は車種によりこうした機構を使い分けている。

デフギアに多板クラッチを組み合わせ

　駆動力制御型のトルクベクタリング機構は、後輪を駆動する車両に採用されており、デフギアに多板クラッチを組み込むことにより、左右の駆動トルクを変化させる。仕組みとしてはオンデマンド型のフルタイム4輪駆動（4WD）システムに搭載されるセンタ

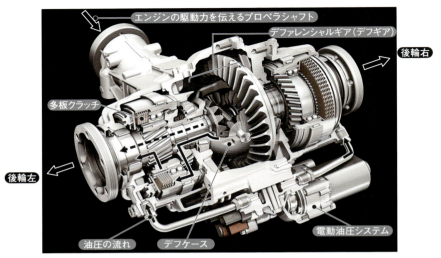

図1 Audi社が4WD車のリアデフに採用するトルクベクタリング機構
Audi社が「Sport Differential」と呼ぶリアデフは、通常（直線路）はデフギアを介して点線のように後輪左右（図では左側のみ記している）に駆動力が伝わる。コーナー走行時には外側車輪側に油圧をかけることでクラッチがつながりだし、デフケースから直接駆動力を伝えるようになる。クラッチを完全に締結させるとデフがロックした状態になる。左右独立型の可変デフロック機構と考えることもできる。トヨタ「レクサス」のTVD（Torque Vectoring Differential）、BMW社のDynamic Performance Controlも考え方としては同様のものだ。

ーデフと同様のものである。センターデフに加えて、リアデフにもトルク可変機構を盛り込むことで、走破性と操縦安定性を高めているSUVが多い（**図1**、**図2**）。

ホンダの上級セダン「レジェンド」は先代モデルで機械式4WDの後輪左右の駆動トルクを変化させるSH-AWDを搭載していたが、現行のハイブリッドモデルでは左右の後輪を独立したモーターで制御することにより、より自由度の高い制御を実現している（**図3**）。まもなく発売となるスポーツカー「NSX」にも同様の機構が盛り込まれるようだ。

三菱自動車が4WD車「ランサーエボリューション」に搭載していたAYC（アクティブ・ヨー・コントロール）は、後輪の駆動力を独立して制御することにより旋回性能を高めるもので、機械式4WDとしては高度な制御を行っている。

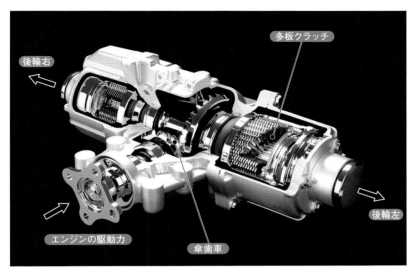

図2 日産「ジューク」が4WD車に採用した後輪のトルクベクタリング機構
デフギアのうち、トルクを左右に分割する機構は備えないが、傘歯車により減速と同時に力の方向を変えている。左右の差動装置には左右独立した多板クラッチを利用しており、積極的に制御することによりトルクベクタリング機構としても機能する。同様の機構は日産以外にも英Jaguar Land Roverグループの「Range Rover」なども採用している。

ブレーキ制御型はESCを活用

　ブレーキ制御型は、旋回方向の内側後輪ないしは前輪のブレーキを作動させることにより、旋回モーメントを発生させることができるもので、ESCが搭載されている車両であれば制御ロジックを組み込むだけで実現できる。ESCは車体の姿勢が不安定になると作動する安全装置であるのに対して、トルクベクタリングは通常の走行において車体に旋回モーメントを発生させ、スムーズなコーナリングを実現させるという違いがある（**図4**）。

　具体的には操舵や車速によりコーナーを曲がっているとECU（電子制御ユニット）が判断すると、コーナー内側の前輪、あるいは後輪にだけ制動力を発揮させ、ロールやアンダーステアを抑えて旋回させる。比較的安価にクルマの姿勢を制御できることから、中型車以下の車両にも用いられている。また駆動輪にブレーキを掛ける方式は、結果として左右駆動輪に伝えるエンジントルクの調整としても作用する。

図3 ホンダ「レジェンド」が後輪に搭載する左右独立型電動4WD
後輪を左右それぞれ独立したモーターで駆動することにより、トルクベクタリングとしての機能も併せ持つ。モーターと、トルクを増幅する減速歯車、クラッチで構成する。中央のクラッチは左右輪の断続を行い、内部にはワン・ウエイ・クラッチも組み込まれており、駆動方向にのみ力が加わるようになっている。

4輪操舵型は大型高級車向き

　4輪操舵型は、サスペンションの成熟と共に一時は完全に姿を消したが、車体の大型化と制御の高度化により、再び搭載される例が増えてきた。BMW社がセダン「7シリーズ」「5シリーズ」、トヨタ自動車は「レクサスGS/IS」、日産も「フーガ」「スカイライン」に搭載している（**図5**）。

　トルクベクタリングと異なり、後輪を操舵することによりカーブの外側へと転舵させる逆位相だけではなく、前輪と同じ向きの同位相にも舵角を与えることができる。こうすることで高速走行の車線変更時などには旋回モーメントの発生が少ないため、スムーズで安全性にも優れる（**図6**）。

　4輪操舵は、実際に後輪を回転させるとなると構造が複雑となり、また長期的な耐久性、信頼性を確保する必要もあるため、コストの増大は避けられない。その点、駆動力や制動力を調整するトルクベクタリング機構であれば、万一機能が失われても、通常の

第4章／シャシー

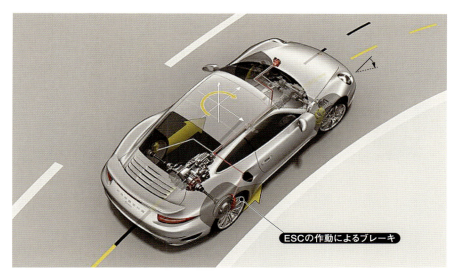

ESCの作動によるブレーキ

図4 ドイツPorsche社「911」が採用するブレーキ制御型トルクベクタリング機構
コーナリング時に内側後輪に制動をかけて、後輪左右に回転差をつけることで、前輪の舵角を抑えながら旋回モーメントを高めることができる。旋回中心がより車体中心に近づき、過敏な動きと安定感のある走りを両立できる。駆動輪に制動をかけることで、反対側の駆動輪により多くのトルクを伝達することにもなる。なお、Porsche社は一部グレードに4輪操舵も導入している。

走行に影響を与えることは少ない。

　同機構を使うと、運転者に作動を意識させることなく旋回性能を向上でき、運転が上手くなったと錯覚させるほど、意のままにクルマが動かせる。ESCの導入と高度化が、こうした操縦性の進化に貢献している。トルクベクタリング機構は、安全性や快適性ばかりが優先されがちな自動車市場において、快適で爽快な運転を提供するためのキーテクノロジーになりつつある。

図5 ドイツZF社が提案する4輪操舵機構のモデルシャーシー
前輪のEPSの動きに連動して動く、後輪のEPSユニットがリアサスペンションのトー・コントロール・アームを直接動かして車輪の角度を変える。前輪とは異なり、後輪の舵角は最大でも3度程度。それでも後輪操舵は前輪の3倍影響があるといわれており、旋回モーメントを発生させるのに十分な効果がある。

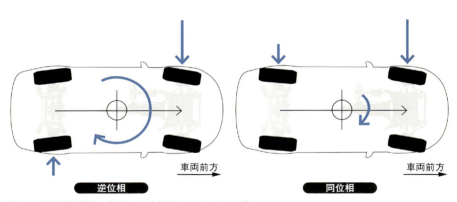

図6 4輪操舵機構の位相による旋回モーメントの違い
後輪を操舵させる方向により、車体に発生する旋回モーメントは大きく変わってくる。逆位相は旋回モーメントが大きく立ち上がり、コーナリングをスムーズにするが高速域ではスピンモードへ陥る可能性も高まる。同位相はレーンチェンジなどの際に、旋回モーメントを抑えて車線移動などが可能になるため、安定感に優れる。

執筆者紹介

髙根英幸（たかねひでゆき）
自動車技術ジャーナリスト
1965年、東京生まれ。芝浦工業大学工学部機械工学科卒。「日経Automotive」で、基礎講座「メカニズム基礎解説」を担当。「日経テクノロジーオンライン」では、生産工場の現場ルポや業界分析記事を得意とする。

図解カーメカニズム
パワートレーン編

2017年 3 月28日　初版第1刷発行

著　　者	高根　英幸
編　　集	日経Automotive
発 行 人	望月　洋介
発　　行	日経BP社
発　　売	日経BPマーケティング
	〒108-8646 東京都港区白金1-17-3　電話(03)6811-8200
装　　丁	市川事務所
組版(DTP)	美研プリンティング
印刷・製本	美研プリンティング

© Hideyuki Takane 2017　　　　　　　　ISBN 978-4-8222-3974-9

本書の無断複写・複製（コピー等）は、著作権法の例外を除き、禁じられています。購入者以外の第三者による電子データ化および電子書籍化は、私的使用を含め一切認められておりません。